엄마가 미안해

엄마가 미안해

후회 하지 않는 부모가 되는 13가지 방법

21세기북스

KI신서 2315

엄마가 미안해

1판 1쇄 인쇄 2010년 3월 12일

1판 1쇄 발행 2010년 3월 19일

지은이 김재은, 구동조, 김병수 **펴낸이** 김영곤 **펴낸곳** (주)북이십일 21세기북스

기획·편집 황상욱 **본부장** 이승현 **디자인** 아이디어스토리지 **교정** 서영의

영업 도건홍, 김남연

출판등록 2000년 5월 6일 제10-1965호

주소 (우413-756) 경기도 파주시 교하읍 문발리 파주출판단지 518-3

대표전화 031-955-2100 **팩스** 031-955-2151 **이메일** book21@book21.co.kr

홈페이지 www.book21.com

값 12,000원

ISBN 978-89-509-2265-8 13590

더 이상 자녀에게 미안해하는 부모로 남지 마세요

부모님의 자녀에 대한 심정은 하나같습니다.

자녀에게 유익하다면 무엇 하나라도 더 해주고 싶고, 자녀를 아낌없이 사랑하고 이해하길 바라십니다. 그래서 지금 이 순간에도 자녀가 인정받는 존재가 되기를 염원하며 부모로서 최선의 노력을 하고 계십니다.

그러나 현실은 늘 바쁘게 돌아가고 마음먹은 대로 되지 않습니다. 바쁘다는 이유로 지나치고, 몰라서 무심히 넘어가고, 순간적으로 화가 나서 아이를 야단칩니다. 순간순간 말과 행동으로 자녀에게 상처와 아픔을 준 것을 후회하고 반성하는 부모님이 많이 계십니다.

자녀 교육이란 힘겨운 전쟁과도 같고, 어떻게 보면 치열하게 경쟁하는 비즈니스와도 같습니다. 전쟁과 같다는 말은 인생에서 승리자가 되려는 목표를 달성하고자 팽팽한 긴장 속에서 한시도 소홀히 할 수 없을 만큼 전력투구해야 하기 때문입니다. 비즈니스와 같다는 말은, 아이에게 공들이는 부모님의 노력과 수고가 헛되지 않고 뜻하는 바를 이룰 수 있게 효과적으로 관리해야 하기 때문입니다.

한편으로는 자녀 교육은 정원 가꾸기와 같은 일입니다. 어린 묘목에 물을 주고(필수 물질의 공급), 영양을 공급하고(사랑), 햇볕을 쬐게 해주고(진리를 가르침), 때로는 가지치기(통제와 잔소리)도 해서 건강하고 아름다운 큰 나무로 키우듯이, 자녀 양육도 보람과 기쁨, 슬픔과 어려움이 많은 일입니다.

그렇기 때문에 부모님들은 근본적으로 자녀를 기르고 교육하는 일을 의무감 또는 짐으로 생각하지 마시고, 보람과 기쁨의 원천이라고 생각해야 합니다. 그럴수록 자녀 교육에서 성공할 수 있습니다.

우리나라 어머니(부모님)의 인생에서 가장 큰 보람은 자녀 교육에 성공하는 일일 것입니다. 서양 사람들은 일생 중 가장 기쁜 날이 언제냐고 물으면, '결혼하는 날'이라고 합니다. 그러나 동양 사람들은 '첫아이를 낳는 날'이라고 합니다. 그만큼 우리의 자녀관은 서양과는 다릅니다. 자식에게 헌신적이고, 자식 잘되기를 소망하는 마음이 하늘만큼 높습니다. 그만큼 우리는 자녀 교육에 큰 희망과 기대를 건다고 할 수 있습니다. 우리 부모님들은 흔히 이렇게 말하십니다.

"자식 잘되는 것 보고 죽는 것이 내 평생 소원이지. 막내 시집·장가 가는 것 보고 죽어야지."

이렇듯 삶의 보람을 걸고 아이를 돌보고 교육하는 일의 대부분은 부모의 수고로움에서 비롯하는 것입니다. 아이는 절대 혼자 힘으로 크지 않습니다. 내버려 둬도 제대로 자랄 놈은 자란다는 생각은 잘못된 판단입니다. 그리고 내버려 둬도 잘 자라지 않는 아이는 어떻게 해야 할까요?

어린 묘목이 제대로 자라게 하려면 정원사의 온갖 정성이 필요합니다. 어떤 때는 가물고 어떤 때는 비가 너무 많이 내립니다. 기나긴 겨울 추위를 견뎌내야 하는 때도 있습니다. 마찬가지로 세상에는 온갖 장애와 긴장과 자극이 넘칩니다. 이런 것을 모두 이겨내야 합니다.

우리가 살아가는 21세기 현실은 엄청나게 빨리 변하고 더욱 복잡해지고 있습니다. 이런 어지러운 세상에서 될 놈은 된다는 헛된 믿음과 근거 없는 판단으로 아이가 커서 제구실을 하고 살 수 있으리라 기대할 수는 없습니다. 부모가 사랑하는 마음과 정성만 가지고는 안 됩니다. 전문적인 지식과 기술이 필요합니다. 부모님이 해야 할 일을 분석해보면 무엇 하나 쉬운 일은 없어 보입니다. 그러나 사랑만큼, 정성만큼 교육의 기술을 익히려면 아이를 눈여겨보는 것이 무엇보다도 중요합니다.

아이가 어떤 상태에 있고, 어떤 소망을 가졌고, 어떤 문제점을 안고 있고, 어떤 장점과 재능을 가졌고, 부모님에게 무슨 말을 하고 싶어 하는지를 아는 것은 교육의 가장 중요한 출발점입니다. 아이의 삶을 주의 깊게 관찰하고 관심을 가지고 지켜봅시다.

아이들은 '아는 만큼 보이는 것'이 아니라 '보는 만큼 알게' 됩니다.

이 책에는 부모님이 꼭 알아야 할 후회하지 않는 부모가 되기 위한 13가지 방법이 담겨 있습니다. 아이와 소통하고 이해하고 서로 받아들일 수 있는 방법을 통해 더 이상 자식에게 미안한 엄마, 아빠가 아닌 당당하고 친밀한 존재가 되시길 바랍니다.

이 책을 읽는 독자 여러분의 가정과 자녀에 긍정적인 변화가 있기를 기대합니다.

2010년 2월
저자 일동

차 례 c·o·n·t·e·n·t·s

01

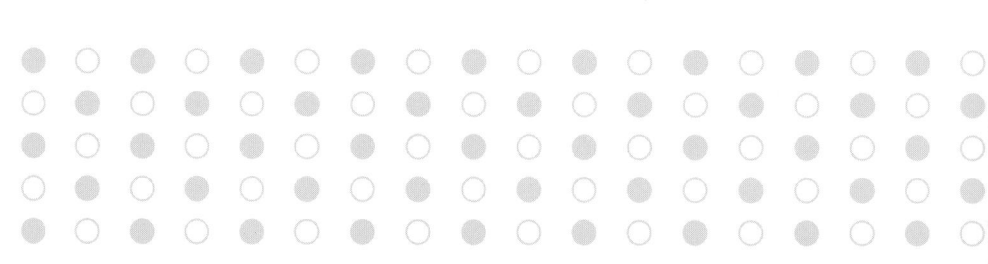

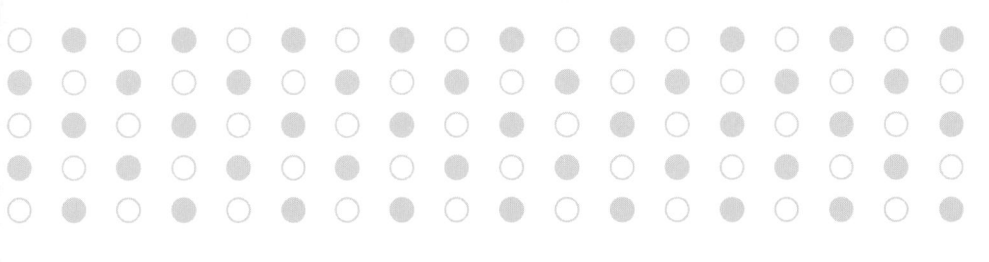

'부모직'도 전문직

부모 노릇과
부모직

1

'Parenting(부모 노릇 하기)', 쉬운 일이 아니다

영어에 'parenthood'라는 말이 있다. 'childhood'가 아동기이듯이, 이 말을 직역을 하면 '부모기(父母期)'가 된다. 결혼해서 첫아이를 낳아 막내 시집·장가 보낼 때까지를 말한다. 그러나 우리나라에는 좀 특별한 가족 문화가 있어서 아들딸 시집·장가 보내놓고도 계속 아이들의 삶에 끼어든다. 독립의 시기를 한참 동안 보류해주는 것이다. 이것을 전문 용어로 모라토리움(moratorium)이라고 하는데, 책임질 시기를 미루어준다는 말이다. 그러니까 결혼하고도 계속 부모에게 얹혀사는 자녀가 생겨난다. 그래서 우리나라의 경우는 '부모기'가 유럽이나 일본에 비해 훨씬 길다.

또 영어로 'parenting'이란 말이 있다. 이 말에는 부모 노릇 하기, 가정교육, 양육 등의 뜻이 있다. 어느 경우든 부모 노릇 하기와 관계가 있는 말이다. 부모 노릇 하기가 쉬운 것이 아니다. 아무리 훌륭한 명사라도 자녀 교육에서만은 장담 못한다. 명사 집안 아이들일수록 실패작이 많다. 요즘은 쉽게 시집·장가 가서 아이 낳고 살지만, 자녀 양육과 교육에서는 성공하기가 만만찮다.

부모가 집 안팎에서 부모로서 해야 하는 일을 분석해보니, 그중 면허증을 가진 전문가가 해야 할 일이 너무도 많다는 사실에 놀랐다. 그래서 '부모직'이란 말을 써서 전문성을 강조해보려고 한다.

과거 우리 부모님들은 온갖 정성과 희생정신으로 자식을 키우셨다. 전문 지식이라고는 전무한 상태에서 아이를 낳아 키우신 것이다. 정보 원천이 있다면 부모와 조부모다. 여성은 시집오기 전에 친정집에서 어머니가 동생들을 키우는 것을 보고 듣고 어머니를 도와 동생들을 돌보는 과정에서 배우고 터득한 지식이 또 다른 원천이 된다.

그런 형편에서도 아이를 대여섯쯤은 누구나 길렀다. 그러다가 한둘은 으레 영유아기에 죽기도 했다. 그러니까 가족계획이라는 개념도 없이, 교육비 타령이나 생활비 타령도 할 겨를 없이 아이 수가 늘어나고 곤궁하게 살았다. 1950년대까지만 해도 자녀 수는 역설적으로 곧 경제력이었다. 왜냐하면, 이 아이들이 커서 모두 돈벌이를 하는 경제주체가 되니까 말이다. 즉, 월급쟁이가 되어도 그만큼 수입이 늘 것이고, 노동력이 되어도 그만큼 일손이 느는 것이니까 부가 그만큼 더 축적된다. 그래서 아이 많이 낳는 것이 부자 되는 길이라고 믿었다.

그런데 세상이 바뀌어 이제는 아이를 너무 안 낳으려고 해서 문제다. 워낙 교육비 부담이 크기 때문이다. 2009년 초에 어떤 학자가 조사한 바에 따르면, 아이 하나를 대학 교육까지 시키려면 1억 7000만 원 정도가 든다고 했다. 양육비까지 포함해서 그렇다. 그러니까 연봉 4000만

~5000만 원 정도의 가구에서 아이 하나 더 갖기가 쉽지 않다는 말이 이해가 된다.

게다가 온라인, 활자, 영상 매체를 통해 온갖 정보가 범람하고 있어서 한두 아이라도 제대로 양육하고 교육시키려니까 드는 돈이 만만치가 않다. 이렇게 세상이 변해서 아이의 수는 줄고 양육과 교육 정보는 쏟아지는데, 반면에 힘은 더 든다고 푸념을 하는 것이 오늘날의 실상이다.

그러면 요즘 부모들은 옛날 부모들보다 모든 여건이 유리함에도 과연 아이들을 더 잘 기르고 있는 것일까? 30~40년 전 부모님들은 학교교육도 못 받았고 전문 지식도 못 가졌지만 자식들을 서울에 있는 유수한 대학에 보내서 교육을 시킨 분이 많다. 그때 아이들은 과외학습이나 학원 공부라는 것을 전혀 몰라도 별 탈 없이 자랐다. 그런데 지금의 부모는 고학력에다 전문 지식도 많고, 엄청난 정보에 접근할 수도 있고, 자녀 수도 적은데 아이 교육에 쩔쩔매는 것을 보면 이상하다는 생각이 들 때가 있다. 왜 그럴까? 그래서 요즘 같은 치열한 경쟁 시대에 살아남으려고 몸부림치는 부모님들에게 뭔가 도움이 될 수 있는 정보를 제공하고자 이 '부모직'에 관한 책을 쓰게 되었다.

어떤 교육학자는 '부모직' 대신에 '부모업(父母業)'이란 말을 썼는데, 업이란 말은 왠지 돈 냄새가 난다. '직업' 했을 때 '직'은 자리, 즉 그 자리가 하는 일, 기능을 말하는 것이고, '업'이란 행위 자체를 뜻하기도 하지만 돈을 받는다는 인상을 풍긴다. 그래서 여기서는 '부모직'이란 말을 쓰기로 했다.

'부모직'이란 얼토당토않은 말이라고 할지 모르지만, 부모 노릇 하기가 얼마나 어려운 일인지 아는 사람이라면 굳이 '부모직'이라고 말하는 것을 이해할 것이다. 왜냐하면 부모가 하는 일, 혹은 해야 할 일 가운데 전문 지식이 필요하고 교육을 받아야 할 부분이 너무도 많기 때문이다.

옛날에는 부모가 전수해주는 정보로도 아이를 양육하고 교육했으나 따지고 보면 실수도 많았다. 병에 걸려도 응급처치를 못해서 죽게 하기도 하고, 전염병에 걸려도 하는 수 없이 아이를 저세상으로 떠나보내야 했고, 환아를 격리시켜야 함에도 다른 형제와 한 방에 같이 자게 했다. 말 안 듣는다고 뺨을 때려서 고막이 터져 귀를 멀게 만들기도 하고, 장작개비로 종아리를 때려서 뼈를 상하게도 하고, 글 가르친다고 하늘 천 자(天)를 100번이나 쓰게 하고, 나쁜 행실 고친다고 겨울에 옷을 벗겨 영하 20도 추위의 집 밖으로 내쫓기도 하는 방식으로 아이를 길렀다.

성적 올리게 한다고 모든 과목을 달달 외우게만 했고, 영어 단어 외우라고 영어 사전을 찢어서 씹어 먹게 하기도 했고, 사전을 베개 삼아 자게도 했다. 공부 못한다고 체육과에 보냈고, 성적 좋다고 무조건 의대나 법대에 원서를 내게 했다. 머리 좋아진다고 멸치 대가리만 먹게도 했다.

이런 것은 모두 속설이고 진실이 아니다. 그러니 이제는 부모도 아이를 양육하고 교육하는 데 나름대로 전문 지식과 식견, 기술을 가지고 해야 한다. 앞 세대가 전수해준 것만으로는 안 되고, 위험하기도 하다. 세상이 너무도 많이 바뀌었기 때문이다. 바뀌어도 보통 심하게 바뀌어야지, 엄청나게 빠르게, 전반적으로 바뀌고 있어서 우리가 아이를 다루고 교육하는 방법도 바꿔야 한다. 그렇지 않으면 이 사회에서 다른 사람과 함께 살기가 어렵다.

부모직이란 무엇인가

부모직도 일종의 직업에 속한다. 다만 다른 직업과 다른 점은, 그것으로 돈을 버는 것이 목적이 아니란 점이다. 옛날 직업 목록에는 없었던 간병인이나 호스피스도 오늘날에는 엄연히 직업으로 인정받는다. 노동의 대가로 보수를 받고 세금을 내기 때문이다. 이렇듯이 어떤 일정한 일을 계속하고 보수를 받으면 직업이 된다. 그런데 부모가 하는 일은 일정한 일, 그것도 상당히 전문적인 일인데도 보수가 없다. 그래서 직업은 아니다. 그러나 만일 주부가 교통사고를 당했다고 생각해보자. 주부를 '무직'으로 간주하기 쉽지만, 엄연히 전업 주부도 직업으로 인정하는 대법원 판례가 생겼다.

부모 되기란 쉬운 일이 아니다. '교수직' 하면 교수로서 해야 할 일을 말하고, '사무직' 하면 사무에 관련된 일을 보는 자리란 뜻이다. 마찬가지로 '부모직'이란, 부모가 되었을 때 해야 할 일을 말한다. 그것으로 돈을 버는 일을 하는 자리가 아니다.

부모직은
전문직이다

2

전문직이란 영어로는 'profession'인데 옥스퍼드 영어사전을 보면, "직업, 특히 고등교육과 특별한 훈련을 필요로 하는 직업을 말한다"라고 되어 있다.

앞에서 전업 주부도 직업이란 말을 했는데, 그 근거는 이렇다. 주부가 직장에 다녀서 살림살이를 가정부에게 맡기면, 인건비로 최소한 월 120만~150만 원 정도 주어야 된다.

가정부가 하는 일을 보면, 밥 하고 요리하고 설거지하고 청소하고 세탁하는 일이 주를 이룬다. 이 가운데 가장 전문적 성격을 띤 것을 꼽자면 요리다. 요리를 제대로 하려면 음식 재료에 대한 지식과 각종 향신료와 소스, 양념, 기타 첨가물 등이 가지고 있는 성질을 알아야 한다. 그리고 조리하는 데는 음식 재료의 성질과 그 화학적 변화를 정확히 알아야지, 그렇지 않으면 음식이 사람에게 해를 끼칠 수도 있고 영양적으로 아무런 효과를 내지 못할 수도 있다.

이 정도의 일을 하는데도 최소한 120만~150만 원의 인건비를 지불하는데, 거기에 가정관리, 자녀 교육 등을 포함하면 인건비는 더 올라간다. 예를 들어보자. 과외 공부를 다섯 가지 시킨다고 가정했을 때, 한 과목에 15만~20만 원 정도면 월 80만~100만 원의 수고비를 과외 교사에게 지불해야 한다. 그 일을 어머니가 한다면 그만큼 절약하는 셈이다. 이것을 합하면 주부의 월급이 200만~250만 원은 되어야 한다는 계산이 나온다. 그러니 전업 주부는 전문 직업이다. 부모직이 어째서 전문직인지를 한번 분석해보자.

부모직(父母職)이 전문직(專門職)인 이유

부모가 가정에서 하는 일을 알아보자.

 아버지가 주로 하는 일

❶ 지도자다. 가족이 나아가야 할 방향이나 목표를 제시한다.
가훈이나 신앙 생활의 지침으로 표시하기도 하고, 구두로 표명하기도 한다.
❷ 가정관리자다.
가족원을 외풍(外風 : 세상의 온갖 풍파)으로부터 보호하고, 아이들을 지도하고, 가족원의 건강을 관리하고, 가정 안에 문제가 발생했을 때 앞장서서 해결하는 가정관리자다.
✽❸ 가정경제 운영의 책임자다.
가정의 경제와 관계된 모든 문제를 관리하고 책임진다. 재산 형성, 생활비 조달, 학비 조달 등을 책임지는 사람이다. 말하자면 CFO(Chief Financial officer)다. 즉, 최고 재무관리 책임자다.

❹ 가정 내의 물리적 시설 관리, 보수, 교체 책임자다.

전기, 수도, 가스, 텔레비전이나 여러 가지 가전제품의 관리, 수리와 보수, 집수리 등의 의사 결정을 주도하고 시행하는 책임자다. 말하자면 시설관리인이다.

❺ 자녀의 양육, 교육의 책임자다.

아버지는 어머니와 함께 자녀를 생산하고 양육하고 교육할 책임을 지고 있다. 특히 자녀가 장성해서 한 사람의 사회인으로서 사회생활을 할 수 있도록 지도하고 교육할 책임이 있다.

✳❻ 아버지는 카운슬러다.

특히 아들에게는 인생을 살아가는 데 필요한 조언과 충고를 해주는 카운슬러다.

✳❼ 인간관계 조정자다.

가정 내 구성원 간에 발생하는 인간관계의 부조화나 문제를 조정하는 책임을 맡는다.

✳❽ 가족을 위한 문화 이벤트 전문가다.

여행을 비롯하여 여러 가지 문화 행사에 참여하고, 야외 레저 활동을 주도 하고, 가족원을 행복하게 하는 문화 활동 기획자다.

❾ 가정 밖 직업 세계의 일원이다.

❿ 가정의 대표자다.

외부 세계에 대해서는 가정을 대표하는 인물이다. 가정의 모든 외부적 책임을 진다. 즉, CEO(Chief Executive Officer)다.

✳❶ 보모요 보육 교사다.

어머니는 아이를 낳고 기르는 생산자요 보모요 보육 교사다. 어머니가 직장에 다녀 아이를 영아원에 맡기는 경우라도 퇴근할 때 집에 데리고 와서 기른다. 젖을 먹이고, 기저귀를 빨고, 업어주고, 주사 맞히고, 건강하게 크도록 보살펴주어야 한다.

✳❷ 유치원 교사다.

아이에게 말하기, 글 읽기, 셈하기, 관찰하기 등과 같은 인지력 교육과 일상적 신변 관리 방법을 가르치고, 정서 표현을 유도하고, 기본습관을 훈련시키는 유치원 교사다.

✳❸ 어머니는 교육자다.

아이가 적어도 고등학교를 졸업할 때까지 교육할 책임을 진다. 지적·도덕적·사회적·정서적 교육을 한다. 올바른 사람으로 커서 사회의 일원이 되도록 지도하고 가르친다.

✳❹ 카운슬러다.

아이의 소소한 문제에서부터 중대한 개인적·교육적 문제를 해결하도록 도와주는 카운슬러다. 특히 딸아이에게는 가장 신뢰할 수 있는 카운슬러다.

✳❺ 패션디자이너다.

아이의 옷을 만들어 입히고, 수선해 입히고, 골라 입히는 패션디자이너이고 코디네이터다.

✳❻ 인테리어 디자이너다.

집 안을 아름답고, 건강하게 꾸미고 고치는 인테리어 디자이너라고 할 수 있다.

✳❼ 초등학교 교사다.

아이의 초등 과정까지는 직접 가르칠 수 있으며, 교과목뿐 아니라 생활 교육과 기능 교육을 할 수 있는 위치에 있다.

✳❽ 영양사다.

아이와 가족의 건강 관리를 위해 영양을 관리하는 사람이다. 식사와 간식, 음식 재료, 그리고 건강 보조 식품에 대한 전문 지식을 활용해야 한다.

✳❾ 조리사다.

음식 재료를 잘 조화시켜 맛과 영양을 충분히 고려해서 음식을 만들어 내는 조리사다.

✳❿ 간호사다.

아이나 가족원에게 신체 이상이 생기면 일차적으로 간호를 하고, 약을 지어 오고, 약을 먹이고, 병원에 데려가고, 안정을 취하게 하고, 식이요법을 써서 병을 빨리 낫게 하고 예방하는 역할을 한다.

✳⓫ 인간관계 조정자다.

가족원 간의 갈등을 조정해주는 인간관계 조정자다. 아이들 사이, 시댁 식구들과의 관계를 조정해준다.

✳⓬ 재산관리자다.

어머니는 남편의 위임을 받아 집안의 재산을 관리하고 재산 증식을 위해 재테크를 한다.

⓭ 집사(執事)다.

어머니는 구청에 가랴, 주민 센터에 가랴, 은행에 가랴, 아이들 학교에 가서 도우미 하랴, 녹색어머니회에 나가서 교통정리 하랴, 집안의 모든 사무적인 일을 도맡아 한다.

⓮ 집안의 모든 육체노동을 맡아하는 가사 노동자다.

어머니는 청소하고, 밥하고, 설거지하고, 빨래하는 가사 노동자다.

⓯ 인터넷 관리자다.

요새 어머니는 아이가 학교 갔다 오면 컴퓨터부터 켠다. 거기에 아이의 담임이나 학교 당국에서 주문하는 지침, 공지 사항, 준비물, 숙제가 다 들어 있다. 아이의 학교생활에 관한 보고도 들어 있다. 그래서 요즘 어머니는 인터넷을 모르면 아이를 교육시키지 못한다.

✽⓰ 이벤트 기획자다.
어머니는 가족원의 복지를 위해 문화 이벤트를 기획하고 실천하는 전문인이다.
⓱ 아내요, 올케요, 형수요, 며느리다.

여기서 ✽ 표시한 것은 모두 일정한 전문 교육과정을 밟고, 시험을 치고, 면허를 따야 할 수 있는 직업이다. 어머니는 특히 '부모직'에 어울리는 직업이라고 할 수 있다. 그런데 이 중 어떤 면허증도 없이 모두들 뻔뻔스럽게(?) 어머니 노릇을 하고 있지 않은가?

전문 지식으로
무장해야 한다
3

무엇이 전문 지식인가?

아이를 제대로 기르고 가르치려면 어설픈 지식을 가지고 했다가는 큰 일 난다. 예를 들어 "공부는 무조건 외워야 된다"라든가 "기억력이 좋은 아이가 공부도 잘한다"라는 신념은 아주 잘못된 것이다. "기억을 잘하는 아이는 지식 문제나 이해 문제를 잘 푼다"가 맞는 말이다. 공부라는 개념 은 폭넓은 것이다. 교육에서는 지식의 기억이나 이해뿐 아니라, 응용, 분 석, 종합, 평가, 창의, 수행, 기능, 태도 등 아주 다양한 목표를 겨냥한다.

"아이들은 무조건 엄격하게 다루어야 돼"도 안 되고, "아이에게는 무 조건 자유를 주어야 돼"도 안 된다. 그런 극단적인 신념은 큰 부작용을 낳는다. 그런 식으로 교육하면 어떤 결과가 올지 짐작해보아야 한다. 그 래서 자녀 교육은 단순한 상식만으로는 부족하고 전문 지식을 공부해서 하는 것이 좋다.

앞에서 '부모직'이 전문직인 이유를 여러 가지 들었는데, 아이들의 건강관리, 학습 관리, 가정관리, 식품 관리, 재산 관리 등에는 좀 전문적인 지식이 있어야 잘할 수 있다. 예를 하나 들면, 최근에 주부 중에는 재테크를 하는 분이 많아졌는데, '묻지 마 투자'를 해서 손해를 본 사람이 많다. 주식이니 펀드니 **MMF**니 **CMA**니 포트폴리오니 하는 용어도 알아야 한다. 교육도, 가족원의 건강관리도 마찬가지다.

남의 말만 믿거나 속설만 믿어서도 안 되고, 옛날부터 '그렇다고 믿어 온 상식'만으로도 안 된다. 적어도 다음과 같은 점을 근거로 해야 전문 지식이라고 할 수 있다. 굳이 '전문 지식'을 내세우는 이유는, 그것이 여러 가지 답 중에서 가장 정답에 가깝거나 그럴듯하기 때문이다.

그러면 무엇이 전문 지식에 가깝거나 거기에 속하는 것일까? 반대로 전문 지식이 아닌 것에 대해 먼저 언급하겠다.

- '카드라' 소문에 의존하지 않는다.
  이른바 소문이라고 할 수 있는데, 서울 강남 지구 학원가의 학부모들 사이에서 유행하는 용어다. '카드라'는, 사실을 확인하기 전에는 받아들여서는 안 된다. "누가 뭐라고 하더라"를 가지고는 그 지식이나 정보의 신빙성을 보증할 수 없다.

- 인터넷의 블로그를 너무 믿지 않는다. 같은 사항에 대해 제각각의 다른 의견이 주된 내용이지 객관성은 부족하다.

- 인터넷의 위키피디아(wikipedia)를 너무 믿지 않는다. 몇 가지 정보원을 상호 대조해서 판단한다.

- 스스로 경험해보았다거나 실험해본 결과 효과가 있더라는, 극히 개인적 체험만으로 효과를 주장하는 속설을 믿어서는 안 된다. 적어도 몇 사람의

전문가에게 확인해보아야 한다.

■ 신문, 잡지, 광고지, 벽보 등에 실려 있는 정보를 너무 믿지 않는다. 반드시 확인해야 한다.

■ 베스트셀러를 맹신하지 않는다. 베스트셀러 책은 3개월 후에 사서 보고, 그 내용에 대해 검토한다.

■ 너무 오래된 옛날 책에 실려 있는 정보는 다시 검토해보아야 한다.

■ 경험이나 경력이 의심되는 사람이 쓴 책이나 말은 믿지 않는다.

홍수처럼 쏟아져 나오는 정보를 효과적으로 이용하려면 그 정보의 정확성을 확인해야 한다. 그러려면 다음과 같은 점을 참고하기 바란다.

■ 그 정보나 지식을 만든 사람, 제공해주는 사람이 그 방면의 전문가로 인정받는 사람이거나 권위자라면 좋겠다.

■ 가능하면 최신 정보라면 좋겠다.

■ 전문 연구 기관이나 학자들이 한 연구 결과로, 그 가치가 공인받은 것이라면 좋겠다.

■ 전문가가 보증했거나 추천하는 정보라면 좋겠다.

■ 옛날 것이어도 계속 가치를 인정받거나 생명력을 인정받는 고전적 정보라면 좋겠다.

■ 적어도 학교 교과서에 실려 있는 정보는 공신력이 있다.

전문 지식은 이렇게 입수해라

그러면 전문 지식을 얻으려면 어떻게 해야 하나? 어디에서 얻어야 하나? 누구에게서 얻어야 하나?

전문 지식이란 비교적 정확한 지식을 말한다. 정확한 지식과 정보를 가지고 아이를 기르고 가르쳐야 실수를 덜한다. 예를 들어, "영어공부는 유아기 때 해야 효과가 제일 좋아"라는 믿음을 가지고 있다고 하자. 과연 그럴까? 그래서 매일 60분씩 영어 과외 선생을 모셔다가 다섯 살 난 아이에게 영어 교육을 시킨다고 하자. 그런데 다섯 살 난 아이의 주의 집중 지속 시간은 기껏해야 15분에 불과하다. 그러니까 60분 동안 가르쳐봐야 15분쯤 지나면 아이는 몸을 비틀고, 다리를 뻗고, 하품하고, 손장난을 한다. 이 아이에게 45분은 낭비되는 시간이다. 이런 이치를 알면 20분 정도를 효과적으로 사용하는 방법을 강구해야 할 것이다.

이런 정보는 아주 기초적인 것이다. 그래서 될 수 있으면 부모님도 정확한 정보로 아이를 교육하면 기대하는 효과를 얻을 수 있다는 점을 기억해주면 좋겠다.

그러면 어디에서 필요한 정보를 얻을 수 있을까?

- 임신 : 육아에 관한 교양서를 한두 권 탐독한다.
- 아동 : 청년 심리에 관해 쉽게 쓴(대학 교재가 아닌) 책을 반드시 한 권쯤은 읽는다.
- 자녀 교육에 관한 잡지 한 권 정도는 정기 구독한다.
- 수시로 서점에 들러 자녀 교육과 관련된 신간 중 문제가 될 만한 책은 구입해서 읽는다. 예컨대 영어 학습법 같은 것은 부모님이 알아두면 좋겠다.
- 인터넷을 이용하되, 정보의 원천이 확실하고 권위 있어 보이는 것을 골라

서 참고한다.

- 전문가가 쓴 신문 칼럼이나 여성 잡지에 실린 기사 등을 참고한다.
- 텔레비전에 나온 전문가의 강의나 해설을 참고한다.
- 전문가의 공개 강연 혹은 유료라도 그 방면 권위자의 강연을 듣는다.
- 주부나 어머니들의 체험 나누기 프로그램에 참여한다.
- 도서관에 들러 새로 나온 책을 검색해서 서평을 읽어보고 대출해서 읽는다.

그러면 부모로서, 주부로서, 아버지로서 가족원들을 행복하게 할 수 있는 방법을 공부하는 데는 어떤 정보가 필요할까?

- 임신 : 육아에 관한 정보
- 유아 : 아동교육에 관한 정보
- 건강관리와 질병 예방 응급처치에 관한 정보
- 자녀 교육, 가정교육의 방법에 관한 정보
- 가정관리, 인간관계 관리에 관한 정보
- 가전 기기, 시설, 장치에 관한 정보
- 음식 재료, 식품, 및 각종 음식에 관한 정보, 그리고 음식점에 관한 정보
- 음식, 식품첨가물에 관한 지식과 정보 및 음식과 식품의 조리 방법에 관한 지식과 정보
- 아이의 학습에 관련된 각종 지식과 정보
- 아이의 행동 문제에 관한 지식과 정보
- 문화 행사나 공연에 관한 정보

- ■ 재테크와 관련된 지식과 정보
- ■ 직업 세계에 관한 넓은 안목, 지식과 정보
- ■ 아이의 발달단계에 따른 심리에 관한 지식과 정보

이 모든 지식과 정보는 꽤 전문적인 것이다. 예컨대 식품첨가물만 해도 가끔 사고를 일으키지만, 발암물질뿐만 아니라, 피부병을 유발하고, 안질을 유발, 소화기 장애 및 호흡기 장애를 일으키는 물질도 있다. 심지어 환경호르몬은 생식 장애까지 일으키는 물질이므로 이런 물질에 대한 과학적 정보를 알아야 한다. 그래야 아이에게 유해한 아이스크림과 무해한 아이스크림을 구별해서 사줄 수 있다. 슈퍼나 편의점에 가서 캔에 든 음식물을 사 먹더라도 부착된 라벨을 읽고 그 내용물에 대해 정확하게 식별할 수 있는 능력을 갖추는 것은 필수 과업이 되었다. 그래야 가족원들이 안전하고 건강한 생활을 할 수 있다. 이런 것은 꽤 전문적인 지식에 속한다. 그러니 '부모직'이 전문직이 아니라고 할 수 있겠는가?

또 있다. 가족의 건강에 관한 지식이다. 열을 재고, 혈압을 재고, 혈당을 재서 나오는 수치가 무엇을 의미하는지 읽을 수 있어야 한다. 혈압이란 것이 무엇이며, 혈압측정기에는 왜 두 가지 수치가 나오는지도 알아야 한다. 지방간은 무엇이며, 내장지방은 어떤 것이며, 당뇨가 생기는 이유를 아는 것은 식이요법(다이어트)을 하는 데 필요한 지식이 된다. 이 모두가 전문 지식이다.

가전 기기에 대해서 보면, 설명서가 있지만 보통은 잘 읽지 않는다. 가전 기기의 얼개, 기능, 전기의 작용 원리, 전자의 운동 법칙, 고장이 났을 때나 위급한 상황에서 대응하는 방법도 전문 지식이 필요하다.

특히 아이의 행동에 관한 이해는 필수적이다. 왜 거식증(拒食症)에 걸렸는지 그 이유를 알면 치료를 잘할 수 있다. 공부를 곧잘 하던 아이가 성적이 급격히 떨어졌을 경우 그 이유를 알면 치료가 용이하다. 이럴 때 아이를 다루는 심리학적인 방법을 알면 얼마나 도움이 될까? 이것도 전문 지식이다.

갓난아기에게 젖을 먹일 때, 울거나 보챌 때마다 줄 것인지 아니면 규칙적으로 시간에 맞추어서 줄 것인지를 결정할 때도 전문 지식이 필요하다.

이렇듯 부모 노릇 제대로 하려면 전문적 소양이 많이 필요하다. 이런 일을 모두 전문가에게 맡겨서 처리하게 한다고 가정해보자. 비용이 얼마나 많이 들 것인가? 그러니 배워두어도 손해 볼 것이 없는 이런 지식과 정보는 부모가 스스로 배우고 알아두어야 할 것이다.

부모자격증
제도

4

부모 되기 조건

가끔 텔레비전에서 10대 미혼 부모 혹은 미혼모가 어렵게 아이를 키우는 광경을 보는 경우가 있다. 이때마다 안쓰럽다는 생각이 든다. 이상적으로 말하자면, 남녀가 결혼해서 자녀를 가지려면 계획을 해야 한다고 생각한다. "그게 어디 뜻대로 돼요?"라고 할지도 모른다. 하지만 부모도 준비된 상태에서 아이를 갖는 것이 좋다. 결혼해서 신혼 때가 임신 확률이 가장 높다. 신혼 초에 사랑의 표현이 가장 왕성하기 때문이다. 언제 아이가 들어설지 모르는 시기인 것이다. 그러나 자녀 생산 계획을 갖는다는 것은 의미 있는 일이다. 필자는 부모 되기 위한 다음과 같은 준비조건을 제시해보고자 한다.

- 부부가 모두 건강할 때 아기를 갖자.
- 부부가 서로 깊이 사랑할 때 아기를 갖자.

- 경제적으로 아이를 양육할 능력이 있을 때 아기를 갖자.
- 부부가 어느 정도 인격적으로 성숙되었을 때 아기를 갖자.
- 아이가 필요하다는 데 부부가 합의를 보았을 때 아기를 갖자.

이런 조건이 필요할지는 몰라도 적어도 이런 점을 염두에 두고 아기를 갖는다면 태어날 아기가 더 건전하게 자라지 않을까 하고 생각해본다. 부부, 즉 아버지 될 사람과 어머니 될 사람이 건강하지 못하면 아이가 제대로 자라겠는가? 서로 별로 사랑하지 않으면서 아기를 가지면 그 아기는 귀찮은 존재가 되고 말 것이다. 만일 부모가 경제적으로 어려우면 아이를 어떻게 양육할 수 있겠는가? 대개 미혼 부모의 경우가 여기에 해당된다. 변변한 직업도 없고 시댁에서 가끔 도움을 받아 근근이 살림을 꾸려나간다면, 아이가 제대로 크기 어렵다. 부모 자신이 어리거나 나이가 들었어도 성숙도가 떨어지는 사람이라면, 밤낮 싸우고 울고불고하면서 아이를 어떻게 기를 수 있단 말인가?

남자는 아이를 원하는데 여자는 아이를 원하지 않는다고 티격태격하다가 아이가 들어섰다면, 그 아이는 정말로 부모가 원하던 아이가 아닐수도 있다. 그래서 이런 조건들을 한 번쯤 고려해본다면, 건강한 아이를 낳고 건전하게 기를 수 있는 배경이 될 것이다.

부모자격증

필자가 1980년대에 한 7~8년 동안 서울 명동성당의 '혼인 강좌'에 강사로 출강한 적이 있다. 명동성당에서는 당시 그 성당에서 혼배성사 (즉, 결혼식)를 올릴 약혼자들이 결혼하기 전에 미리 이 혼인 강좌를 듣게 되어 있었다. 총 12시간인데 빠지면 빠진 시간만큼을 다음번에 보충하게 되어 있었다. 이 강좌를 듣지 않으면 신부님이 혼배성사를 집전해주지 않는다. 그 강좌에는 가정 법률, 자녀 양육과 교육, 부부생활, 신앙생활 등이 있었던 것으로 기억한다.

이렇게 교육을 하면 안 하는 것보다는 훨씬 효과가 있다. 왜냐하면 젊은 신혼부부는 혈기로 살다 보면 무절제와 부조리에 빠질 염려가 많기 때문이다. 이런 강좌를 들으면 적어도 경각심을 갖고 마음을 다잡을 수가 있다.

1960년대에 필자 가운데 한 사람은 집에 방이 여유가 있어서 세를 놓았는데 신혼부부가 들어왔다. 그리고 2~3개월이 지났을까. 한 무리의 사람들이 그 셋방에 들이닥쳤다. 그리고 신혼 살림살이를 몽땅 트럭에 싣고 가는 것이 아닌가? 알고 봤더니 빚을 얻어 결혼 비용으로 쓰고 약속한 날짜에 안 갚은 것이다. 채권자들이 들이닥쳐서 장롱, 텔레비전, 전기밥솥 등을 몽땅 실어갔다. 무리하게 빚을 얻어 결혼을 했는데 경제력에 어울리지 않게 비용을 쓴 것이 화근이었다. 자신의 경제력을 고려하지 않고 남에게 보여주고자 무리하게 세간을 장만해서 결국 신혼의 단꿈이 깨지고 만 것이다.

30여 년 전에 필자(김재은)가 《동아일보》에 '부모자격증 제도'를 만들자고 제안한 적이 있다. 좀 얼토당토않은 제안 같지만, 불가능한 일은 아니다. 어떻게 하느냐 하면, 일단 결혼하기로 한 약혼자이거나 구두로 약속한 사람들에게 결혼하기 전에, 혹은 아이가 생기기 전에 교육을 받게 하자는 것이다. 그 내용은 다음과 같다.

■ 교회, 사찰, 성당, 교당에서는 그곳에서 혼인 예식을 올릴 예비부부에게 일정한 교육을 받아야 혼인 예식을 집전해주도록 제도를 만들면 된다. 우선 큰 교회나 사찰, 성당에서 시작하면 좋다. 그 기관에서 일정한 커리큘럼을 만들어 시행하면 교인들이 따를 것이다. 명동성당에서는 오래전부터 시행해왔으니 불가능한 일은 아니다.

■ 예비부부가 결혼하기 전에 사회교육 기관이나 평생교육 기관에 가서 교육을 받고 수료증을 교부받아 혼인신고서에 첨부하면, 지자체에서 보상금을 주기로 한다. 말하자면 축하·격려금이다. 요즘은 아이를 안 낳으려고 하니 이런 식으로 제도를 만들면 결혼하는 것도 나쁘지 않다는 것을 인식시키는 방법이 될 수도 있을 것이다.

■ 좀 강제적인 방법이기는 하지만, 실효성 있는 방법이 있다. 자녀 출생신고를 하려면 사회교육 기관이나 평생교육 기관에서 몇 시간이라도 교육을 받게 해서 수료증을 첨부해야만 출생신고를 받아주는 제도다. 이때 신고와 동시에 축하·격려금을 준다. 적어도 육아 및 자녀 교육, 부모의 역할 등에 대해 공부하면 크게 도움이 될 것이다. 결혼 전에는 필요성을 못 느꼈다가도, 막상 아이를 갖게 되면 당장 정보가 필요하기 때문이다. 이때의 수강료는 지자체에서 대납해주는 제도도 좋을 것이다.

■ 고등학교를 졸업하기 전에 남녀 불문하고 4시간 정도 특별 시간을 할애해서 '구애하기와 결혼', '자녀 양육과 교육' 등의 과목을 필수로 가르쳐야 한다. 인생에서 중요한 일의 하나인 '구애, 결혼, 자녀 양육'과 같은 교육을 왜 안 하는지 모르겠다. 요즘은 10대 미혼 부모도 늘고 있는데, 이런 실제적 문제에 대한 교육은 안 하고 논술만 가르친다.

■ 군에서 의무병에게 제대하기 전에 그와 같은 교육을 시켜서 내보낸다.

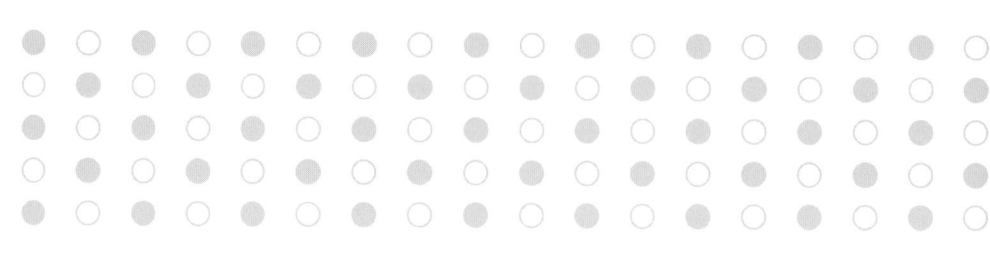

02

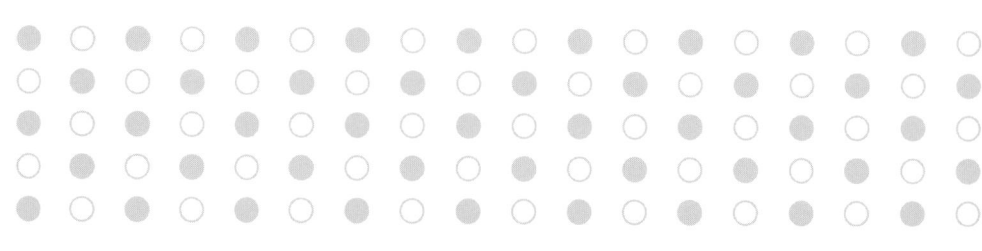

부모와 자식의 관계

운명적인
부모 자식 관계

1

'부모직'이야말로 천직(天職)이다

천직이란 타고난 직분을 말한다. 부모직을 회피하고 싶으면, 새들이 새끼를 거두는 광경을 한번 보라. 그러면 생각이 바뀔 것이다.

부모와 자녀 사이에는 유전인자에 의한 연결 고리가 존재한다. 이 관계는 인위적으로 끊으려야 끊을 수가 없다. 죽을 때까지 가고, 죽은 후에도 지속되는 영원한 결합 관계다.

그러니까 자식을 낳고 "나는 부모 노릇 하기 싫어요" 하는 것은 안 통한다. 죽으나 사나 책임지고 길러야 한다. 간혹 자식이 부모 말을 잘 안듣고 속을 태운다고 "너는 이제 내 자식이 아니다", "부모 자식 간의 의를 끊는다"라고 하기도 한다. 이것을 의절(義絶)이라고 한다. 옛날에는 심하면 "너 같은 자식 둔 적 없다. 집 나가라"라고 일갈하고 돌아서는 아버지도 있었다. 지금도 그런 경우가 있지만 단지 감정이 격해져 하는 소리지, 호적에서 이름을 지울 수도 없다. 영원한 인연인 것이다.

부모 자녀 관계란 비타산적 관계다

부모가 자녀를 교육시킬 때 나중에 보상을 받으려고 하지는 않는다. 다행히 부모가 노쇠했을 때 알아서 잘 보살피고 부양해주면 좋겠지만, 부모가 그것을 조건으로 내세워 양육하고 교육하는 것은 아니다. 우리나라의 경우, 예나 지금이나 어머니의 헌신적인 노력은 가히 세계적이다.

우리 어머니들은 사생활이 없었다. 지금도 전업 주부들은 그런 편이다. 사치하고, 치장하고, 잘 먹고, 놀러 다닐 여유가 없다. 오로지 아이와 남편, 그리고 시부모를 위해 매달린다. 자기 개인의 안일을 위해서는 아무것도 안 했다. 몇 달에 한 번 미장원에 가고, 동창들과 만나 점심 한 번 먹는 것이 고작이다.

한국의 어머니들은 자식 잘되는 것을 인생의 첫째 목표로 삼을 정도다. 그러니까 교육열이 높아질 수밖에 없다. 자기는 못 먹고 못 입어도 자식 교육만은 일류, 제일 좋은 것으로 채워주려고 한다. 유럽이나 중남미 국가들에 비해 이 점이 두드러진다. 아이에게 들어가는 돈은 아깝지가 않다. 타산하지 않는다. 계산을 초월하는 것이다. 한국의 부모들은 자녀와의 관계에서 이성적이지 않고 정서적이다. 따질 것 안 따지고, 계산할 것도 일일이 계산하지 않는다.

서양에서는 부모 자식 간에도 돈을 빌려주고 이자를 받기도 하고, 빌려준 돈은 반드시 돌려받는다. 그냥 공짜로 주는 것은 용돈 정도이지 액수가 좀 크면 절대로 그런 일이 없다. 이것이 서양식이다. 동양에서도 일본은 그렇게 한다고 한다. 그러나 한국은 주면 그냥 주지 특수한 경우가 아니면 빌려주고 돌려받는 일이 없다. 부모 자식 간의 돈거래는 거의 공짜다. 그러니까 서른 살이 넘어도 직업이 없으면 부모에게 용돈 얻어

쓰고 같은 집에서 산다. 보기에는 안 좋지만 나쁜 것은 아니다. 이것이 한국이다. 그러나 서양은 다르다. 거기서는 그것이 무능을 의미한다.

무엇을 할 때도 일일이 계산 안 하고 안 따진다. 일을 시키고도 돈 안 주고, 돈 안 받고, 영수증 안 쓰고, 차용증 안 쓰고, 그냥 무보수로 일하고, 형제끼리도 서로 도와주고, 같이 잘 다니고, 제일 잘사는 아들이 비용 다 내고, 며칠씩 부모 집에서 묵고도 그냥 가고, 부모는 자식 집에서 오랫동안 머물러도 돈 안 내고 간다. 이것이 한국이다.

이러한 관계가 아주 돈독한 문화가 한국의 문화다. 그래서 부모는 자녀를 분신으로 보고, 자녀는 부모를 필요를 충족시켜주는 공급자로 보는 것이다.

유전적 연결이란, 자녀의 몸의 일부가(어쩌면 영혼까지도) 부모의 것이라는 말이다. 유전인자의 반은 아버지 쪽에서, 반은 어머니 쪽에서 간 것이지만, 수정되어 엄마 배 속에서 클 때에는 외부의 영향도 받는다. 지리적·문화적 영향, 종족의 영향, 태내 환경의 영향 등이 작용해서 인간의 모습이 갖추어진다.

이런 식으로 생각하면, 아이를 죽이는 것은 자기 자신의 일부를 죽이는 것과 같다. 왜냐하면 부모 자신이 물려준 유전인자를 몽땅 죽이는 것이기 때문이다.

그래서 부모가 된다는 것은 다음과 같은 의미를 갖는다.

- 성숙된 어른이 된다는 것을 의미한다.
- 아이의 양육과 교육에 책임진다는 것을 의미한다.
- 사회에서 성인으로서의 의무를 감당한다는 것을 의미한다.

■ 자녀를 사랑하고 가족원들을 행복하게 해야 된다는 의무감을 갖는다는 것을 의미한다.

이런 의무를 잘 감당할 수 있을 때 행복한 부모로서 살아갈 수 있다.

가르치려면
배워라

2

　요즘 초등학교의 교육과정이 옛날보다 수준이 높아졌다고 한다. 그래서 부모가 아이의 질문에 적절하게 대답하지 못하는 경우가 많아졌다. 그러니 아이들이 간혹 "엄마 바보" 소리를 하게 된 것이다.

　어머니들의 교육 수준도 대단히 높아진 것이 사실이다. 전통적 관념이나 제도적 차별이 있었음에도 여성 교육의 보급으로 여성의 학력 수준이 높아졌으며 그것은 천만다행한 일이라 하겠다.

　요즘 세상은 남자만 똑똑해서는 가정이 경제적으로 윤택해지기도 어렵고 사회도 발전할 수가 없다. 여성의 책임도 더 무거워졌다. 이러한 상황에서 소자녀(少子女)로 인한 치열한 경쟁과 사교육비는 여성에게 부담이 된다. 그러나 어머니들의 교육 수준이 높아지고 있는 것은 개인적으로나 가정적으로나 사회적으로나 국가적으로 얼마나 다행스러운 일인지 모르겠다.

　우리가 살고 있는 현대사회를 가리켜 '정보화사회'라고 한다. 정보란

군사나 경제 문제에만 쓰는 말이 아니다. 인간 생활의 모든 면에서 발생하는 새롭고 중요한 소식이 모두 정보다.

오늘날의 세상은 새로운 정보와 지식, 그것도 유익하고 중요한 정보와 지식을 많이 접하고, 이것을 일상생활에 잘 활용하는 사람이 성공하는 세상이다. 그러니 정보를 소홀히 할 수가 없다.

요즘은 학교에서 가르쳐주는 지식이나 정보도 옛날보다 훨씬 많고 복잡하고 세련되어 있다. 아이들이 그런 것들을 흡수하려면 인쇄매체뿐 아니라 전파 매체, 영상 매체 등을 다양하게 접해야 한다. 그래서 다원적 채널을 통해 우리는 지식과 정보를 입수한다. 이런 상황에서 부모가 아이에게 뭔가 가치 있는 것을 가르치고 물려주려면 먼저 부모 자신이 그런 정보나 지식을 소유해야한다. 그러지 않고는 아이를 가르칠 수가 없다. 때로는 아이가 부모보다 더 유식하기도 하니까 말이다.

요즘 평생교육 기구나 사회교육 기관이 늘어나면서 여성을 위한 연장교육의 기회가 크게 확대되었다. 이런 기관을 통해 여성들이 여성으로서, 사회인으로서, 또는 어머니로서 갖추어야 할 지식과 능력을 키우고 몸에 익힘으로써 실력을 길러나갈 수 있다. 실력이 있어야만 뭔가 해낼 수 있고, 또 성과를 낼 수 있다. 그중 자녀의 공부를 지도하거나 인성 지도를 할 만한 실력을 길러두는 것은 무엇보다도 중요하다.

어느 초등학교에서는 새 학년에 올라가면 어머니들을 초청해서 자녀들의 교육지도를 위한 보조 교사 교육을 해오고 있다. 그리고 그 성과는 적잖이 크다고 한다. 요즘 좀 어려워진 수학이나 과학과 같은 과목은 어머니들이 옛날에 배운 것과 사뭇 달라서 아이의 숙제를 도와주거나 시험 준비에 도움을 주거나 예습 지도를 해주려면 어머니가 교재 내용에 통달해야 한다.

서양 어머니들은 아이들의 숙제를 챙기기만 하는 것이 아니고 제대로 개별지도를 해서 아이들의 실력을 향상시켜주는 데 훌륭한 교사 노릇을 하는 것이 상례가 되어 있다. 그만큼 노력한다는 말이다.

그러나 우리나라의 경우, 어머니가 아이의 숙제를 도와줄 만큼 성의가 있거나 실력이 있는 어머니는 비율로 보아서 많지 않다. 아이의 가정학습 지도에서는 비단 어머니만이 아니라 아버지도 책임을 져야 한다고 생각한다. 불행스럽게도 우리 어머니나 아버지는 아이의 가정학습 지도에서 "공부해라, 공부", "왜 공부 안 하니?", "그래가지고 ○○ 대학 들어가기는 틀렸어"라는 식으로 핀잔만 주기 일쑤다.

여기에는 두 가지 문제가 있다. 첫째는 엄마가 아이에게 줄 무엇을 가지고 있지 않기 때문이다. 말하자면 능력·식견·지식 부족이다. 둘째는 가르치려고 들지 않는 부모가 있다는 점이다. 아이에게 부모란 어떤 존재일까? 가르칠 것을 가지고 있지 않는 부모는 자녀에게 무엇을 요구할 수 있을까?

그래서 사회교육 기관이나 평생교육 기관 등에 가서 학습지원자로서 부모의 역할과 지도 기술 등을 터득하는 기회를 갖는 것이 좋겠다고 생각한다. 자녀에게 뭔가 주려면 먼저 내가 배워야 하며, 그런 공부는 일생을 거는 공부여야 할 것이다. 부모들이여, 공부 좀 합시다.

아빠가
해야 할 일은
3

아버지란 원래 떠돌이고 어머니가 가정의 중심이었다

역사적으로 보면, 인간의 원시사회는 모계사회였고 여성이 가정의 중심이었다. 남자, 아버지는 한번 먹을거리를 찾아 집을 떠나면, 한동안 돌아오지 않았다. 어머니(여성)가 집을 지키는 역할을 담당하고 아이들 돌보는 일을 맡았다. 그리고 여성이 부족의 중심이었고, 상속자가 되었다.

사회가 발달하며 거주지가 정착되고, 정치권력이 중앙집권화되었다. 동시에 남성이 그 중심에서 권력을 독점하고 누리고 휘두르면서 남존여비 사상이 생겨나고, 남성 중심의 사회로 변화해갔다. 이렇게 사회가 변하면서 가족 안에서 아버지, 어머니의 역할에도 변화가 왔다.

전통적으로, 유교 사회에서 아버지는 가정의 중심이었다. 아버지는 하늘, 어머니는 땅이었다. 아버지는 부엌일을 빼고 모든 가사 결정권과 대외적 관리 업무의 결정권을 가지고 있었으며, 가정을 지키고 보호할 의무와 책임을 지고 있었다. 가정경제를 지탱할 책임, 아이들 교육 문제, 대소가(大小家, 즉 친인척)를 관리하는 일, 가사 노동과 재산 분배를 둘러싼 문제의 결정권을 쥐고 있었다. 가정을 외부 세계의 위협으로부터 보호하는 책임을 지고 있었다. 그리고 아이들을 사회의 일원으로 기르는 책임도 지고 있었다.

한편 어머니는 가정을 내적으로 안정되게 꾸려나가는 일을 주로 맡았다. 아이들을 양육하고 보호하는 일을 비롯해서, 가정의 정서적 안정을 도모하는 일을 해야 했다. 아이들에게 사랑을 주고, 독립심을 기르고, 혼인 문제를 해결해야 했다. 가정의 품위를 지키고 집안의 명성을 유지하는 데 '안 사람'으로서 역할을 충실하게 수행해야 했다.

이제는 어머니가 가정의 중심이 되었다

우리나라 가정경제의 80퍼센트를 주부가 운영한다. 통장 관리는 물론 투자, 저축, 부동산 거래 등은 주부가 주로 결정한다. 아이들의 교육 문제에 관한 한 엄마의 발언권과 결정권이 절대적이다. 가정 내의 인테리어, 문화 활동, 가족 이벤트 등도 주부가 거의 결정한다. 아이들도 문제가 있으면 어머니와 상담한다. 우리나라의 친력(親力 : 한 신문사에서 주간지 특집으로 이 말을 썼음), 즉 아이들이 원하는 외고나 특수고에 가고 못 가고, 원하는 대학에 들어가고 못 가고, 원하는 외국 대학에 유학을 가고 못 가고, 군대에 가고 안 가고, 원하는 배우자와 결혼을 하고 못 하고, 원하는 직장에 들어가고 못 가고 하는 힘은 어머니의 힘이다.

부모의 재력에서부터 인맥·정보력·학력 등이 아이의 장래를 결정하는 데 결정적 영향을 준다는 이야기다. 그중에서도 어머니의 정보력이 굉장히 중요하다. 한국 여성들이 사회적으로는 고용상의 차별이나 직장에서 승진상의 차별을 받고 있기는 하지만, 가정 안에서 어머니의 영향력과 결정권은 거의 절대적이다.

사정이 이러하다 보니 아버지의 위상은 많이 떨어지고 어떤 경우는 무력화되었다고 할 수 있다. 그런데 아버지의 이미지(아버지상)가 아이에게 어떻게 형성되어 있느냐는 아이의 성장에 큰 영향을 준다. 태어나자마자 아이는 엄마와 피부를 통한 접촉을 몇 년 동안 계속한다. 눈빛으로 접촉하고, 말로 접촉하고, 감정으로 접촉하는데, 특히 사랑의 감정으로 접촉한다.

그러나 아버지와는 그런 경험이 없다. 어쩌다 안아주고, 딸랑이를 흔들어주고, 우유를 먹여주는 정도다. 아이와의 관계가 엄마만큼 돈독하지 못한 것이 사실이다. 그러니까 원시시대와 마찬가지로 아버지는 나그네요 떠돌이와 같은 존재다. 아침에 일찍 출근하고 밤늦게 들어오니 아이와 소통할 시간이 거의 없거나 매우 짧다.

아빠는 나그네다. 그리고 아빠 자신도 마치 자기는 국외자, 왕따처럼 느끼게 된단다. 가정 분위기에 함께 어울리지 못하는 아빠가 많다. 그래서 전업 주부인 어머니가 절대적 권한을 행사하게 된다.

그러면 아버지는 뭔가? 가정 안에서 뭘 해야 하는 사람인가? 다음은 그 최소한의 요건이다.

■ 자녀의 양육과 교육에서 아내와 공동으로 책임을 지고 수행해야 하는 사람이다. 가정교육의 목표·방침·철학을 합의해서 결정하고, 부모가 보조를 맞춰 수행해야 한다.
■ 가정의 경제적 안정과 가족원의 행복을 책임지고 최선을 다해야 한다.

- 아버지는 가정을 지키는 방패이고 방파제다. 밖에서 밀려드는 어떤 풍파에도 가정이 끄떡없이 버틸 수 있도록 지켜주어야 한다.

- 사회적 규범을 가르치는 대리자 역할을 해야 한다. 아이는 아버지를 통해 사회를 배운다. 이것을 사회화(socialization)라고 한다. 세상이 어떻게 돌아가는지를 알게 된다. 한 번쯤 아빠 회사에 아이를 데리고 가서 설명해주면 좋다. 그것이 산 교육이다.

- 아버지는 아내와 함께 의논해서 규칙을 정하고 그 규칙을 아이가 지키도록 권하고 감독한다. 규칙뿐 아니라 살아가는 데 필요한 지식과 정보도 제공해준다.

- 아버지는 도덕적·사회적 모델이다. 아이는 아버지를 보고 사회생활을 배우며, 어떤 도덕적 기준이 중요한지를 배운다. 아이는 아버지의 말과 행동을 듣고 보고 배운다. 아이는 부모를 보고 남녀 관계 양식과 결혼 생활의 방식도 배운다.

아이가 보는
부모
4

아이셰도 한 어머니

정신분석학을 창시한 프로이트(Sigmuud Freud, 1856~1939)는 "엄마와 아빠는 아이가 상상하는 신의 모습"으로 비친다고 말한 바 있다. 그래서 고아에게는 신의 이미지가 잘 떠오르지 않는다는 것이다. 엄마 아빠를 본 적이 없거나 기억에 없기 때문이다. 또 부모의 인간적인 모습이 일그러졌으면(예컨대 밤낮 술만 먹고 주정하는 아버지), 아이들이 갖는 신의 이미지도 일그러진 모습으로 나타나고 징벌을 일삼는 무서운 신으로 비춰지기 쉽다고 한다. 부모는 자기에게 주어진 황금과 같은 기회를 잘 활용해야 한다. 즉, 아이를 잘 키우느냐 못 키우느냐가 결정되는 열두 살 이전에 어떻게 하면 좋을지를 생각해야 할 것이다.

누군가 나폴레옹 황제에게 소년범죄를 막을 수 없겠느냐고 물었더니 이렇게 대답했다고 한다.

"아기가 태어나기 전 21년 동안 참된 어머니가 되게끔 딸을 가르치도록 외할머니부터 교육시켜야 한다."

아이의 운명은 아이 어머니의 출생에서부터 영향을 받는다고 하면 좀 지나친 말 같으나 실은 맞는 말이라고 생각한다.

또 이런 일화가 있다. 영국의 수상이었던 처칠 경 앞에서 누군가 과거 처칠의 선생님 이름을 나열했다. 그러자 처칠이 이렇게 말했다고 한다.

"당신은 가장 위대한 선생님이신 나의 어머니를 지적하지 않았소."

어머니. 그 위대한 교사인 어머니, 인생 최고의 유자격 교사인 어머니, 가장 중요한 교사인 어머니를 빼놓고 어찌 다른 선생님을 거론할 수 있겠는가? 지당한 말씀이다.

한번은 필자 가운데 한 사람이 유치원과 초등학교 어린이 약 200명에게 물었다. "이 세상에 하느님이 계시다고 생각하는 사람 손들어봐요."

그러고는 손을 든 아이들에게 도화지와 크레파스를 나누어주고 말했다.

"그러면 하느님이 어떻게 생겼는지 그림으로 그려봐요."

그 결과 도화지에 그려진 하느님의 모습은 정말 기상천외였다. 놀라운 사실은 나이가 어릴수록 하느님의 모습을 자기 부모와 닮게 그렸다는 사실이다. 초등학교 저학년 아이들은 자기 반 담임선생님을, 고학년 아이들은 산신령, 뿔 달린 도깨비, 화난 거인과 같은 모습도 그렸다.

어떤 어린이는 여성상을 그렸는데, 그 여성은 예쁘게 화장까지 하고 있었다. 아이섀도·마스카라·립스틱을 바르고, 귀걸이에 팔찌까지 하고 있는 어머니 모습을 그린 것이다. 의상도 자기 엄마가 입고 있는 것을 그렸을 것이다. 남자상인 경우는 아버지의 모습을 하고 있었다.

이 조사에서 아이들은 엄마 아빠는 아이가 보는 하느님의 첫 모습이라는 말을 증명해주었다. 그러므로 부모를 일찍 잃어버린 고아들은 신의 이미지를 갖기 어려운 것이다. 부모의 모습에서 신의 모습을 그릴 수가 없기 때문이다. 아이란 아무리 똑똑하다 해도 부모의 경험을 능가할 수 없다. 아이에게 미치는 부모의 모습이 어떠해야 하는지를 한번 돌이켜보자.

이런 우스갯소리가 있다. 하루는 아버지가 네 살 난 아들을 차에 태워 나들이를 했다. 나들이를 마치고 돌아온 아들에게 엄마가 물었다.

"아빠하고 구경 잘하고 왔니? 그래, 뭐가 재미있었어?"

꼬마가 대답했다.

"엄마, 길에서 쌍놈의 새끼 둘하고, 바보 하나하고, 개새끼 하나를 봤어."

이 말을 들은 아버지는 아연실색했다. 자기가 무심코 뱉은 말이 이처럼 빨리 아이에게 전염될 줄은 꿈에도 생각지 못했던 것이다. 사연인즉 길에서 자동차로 갑자기 끼어드는 사람에게 "야, 이 쌍놈의 새끼"라거나 "개새끼"라고 내뱉고, 교통순경과 실랑이를 벌이는 운전자를 보고는 "아이고, 저 바보 같으니라고" 했던 것이 화근이었다. 그게 금세 아이에게 전염되리라고는 생각하지 못했던 것이다. 욕도 아이들에게 유전이 된다. 주부가 아이에게 하는 욕의 80퍼센트 정도는 친정어머니의 욕과 똑같다. 그러니 나폴레옹이 외할머니 교육부터 시켜야 한다는 말을 한 것이 아닐까? 아이는 부모의 언동(言動)을 매우 잘 모방한다. 자기도 빨리 아버지나 어머니처럼 되고 싶은 것이다. 그런 언동을 계속 되풀이해서 모방하면 그것이 성품이 되어 굳어진다.

아이들은 부지불식간에 부모를 모방한다는 사실을 명심하기 바란다.

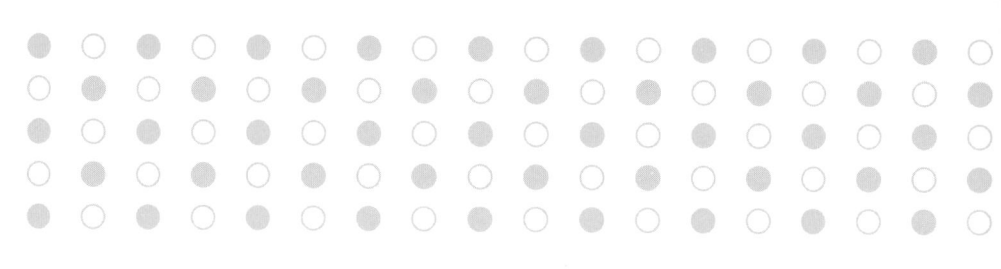

03

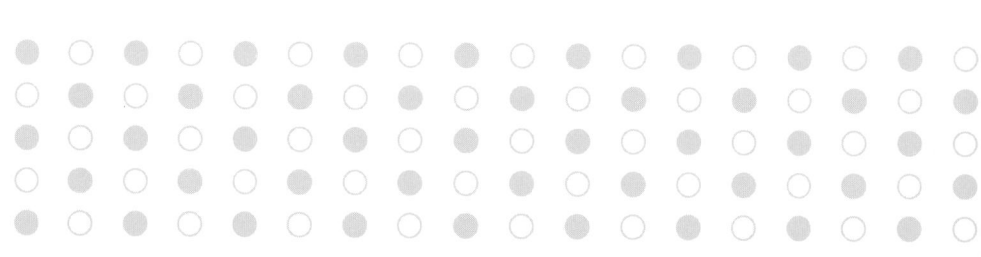

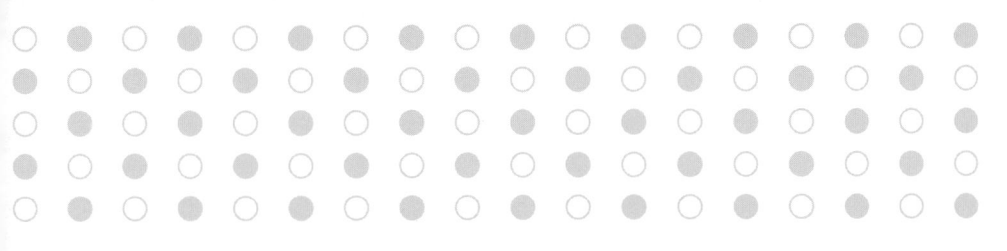

가정교육 필수 커리큘럼

가정교육은
어머니 교육부터 출발
1

가정교육은 접촉 방식이 결정한다

가정교육은 곧 누구와 접촉하느냐로 이루어진다. 가정교육이란 학교 교육처럼 무슨 목표가 있는 것도 아니고, 하는 일의 내용으로 보면 전문적인 일인데 훈련된 교사가 가르치는 것도 아니다. 그렇기 때문에 앞에서도 이야기했듯이, 결정적으로 몸으로, 태도로, 습관으로 행해지는 셈이다. 따라서 누구와 가장 많이 접촉하느냐가 중요하다. 할머니와 주로 접촉하면 할머니 아이가 되는 것이고, 고모나 이모와 늘 같이 있으면 고모 아이, 이모 아이가 되는 것이다.

마찬가지로 교육을 제대로 받지 못한 가정부와 같이 살면 가정부의 아이가 되는 것이다. 가정부의 교육 정도가 낮고, 어머니가 없는 동안 아이를 신경질적으로 다루거나 때리거나 저주하면, 그 아이는 부모의 교양이나 교육 정도와 관계없이 바로 가정부의 그런 태도와 성격의 영향을 받는다. 가정부가 지적으로 아무런 자극도 주지 못할 만큼 교육을 받지 못했을 때에는 아이의 지능 발달에도 지장이 있다. 지능은 환경에 따라 매우 달라진다. 아무런 지적 호기심도 자아내지 못할 뿐 아니라 묻는 말에 핀잔이나 준다면, 아이의 지적 호기심은 완전히 죽어버리고 만다. 그러니 누구와 접촉하느냐에 따라 교육이 달라지는 것이다.

반면에 어머니가 집에 있다 하더라도 아이에게 아무런 지적 자극을 주지 못하는 경우도 있다. 부모의 관계가 좋지 않을 경우 아이의 존재 자체가 성가시고 귀찮고 심지어 방해라고 여겨질 수도 있다. 이런 경우 어린아이는 아버지와 어머니의 나쁜 관계 때문에 희생 제물이 되고 만다. 말끝마다 짜증스럽게 대꾸하고, 조그만 실수에도 벌을 주고, 야단치고, 고함지르고, 위협하고, 윽박지른다면, 어디 어머니가 의미 있는 존재라고 할 수 있겠나?

그뿐 아니다. 무관심한 어머니도 있다. 묻는 말에, "내가 뭘 아니? 네 언니한테 물어봐라" 한다든지, "그런 건 몰라도 돼", "저리 가, 시끄러워", "나중에 크면 알게 돼", "아빠 오거든 물어봐", "나가 놀기나 해", "왜 놀러만 다녀?"라고 반응한다면 이것은 문제다. 어머니 자리야말로 가장 어려운 교사직이다. 이런 어려운 교사 노릇을 감당하려면 어머니 교육이 꼭 필요하다. 천성(天性)이나 모성애(母性愛)만으로 교육할 수는 없다. 세련된 교육 기술이 필요한 것이다. 그러면 어머니 교육은 어떻게 해야 할까?

지혜로운 어머니란

어머니 교육은 누가 할 것인가? 대답은 간단하다. 스스로 하는 수밖에 없다. 어머니 자신이 주부가 되기 위해 요리 학원에도 다니고, 미용

체조도 하고, 요가도 하고, 양재 학원에도 다니지만, 유아교육을 위한 교육을 받을 기회는 거의 없다.

대학을 나온 신혼 주부가 첫아기를 낳자마자 바로 분유를 진하게 타서 먹여 아기가 소화불량에 걸려 죽다가 살아났다는 이야기를 본인한테서 직접 들은 적이 있다. 반대로 이런 어머니도 있다. 아기가 아무리 보채고 실신할 지경으로 배가 고파 울어대도, 아직 분유 먹일 시간 5분 전이니까 "5분만 더 기다려!" 하고 아기에게 말하는 어머니도 있다. 분유통에 적힌 대로 시간과 분량을 지키는 것이 과학적 육아법으로 알고 있는 것 같다. 본인은 제대로 하고 있다고 생각할지 모르지만, 실상 아무것도 모르는 것이다. 아기에게 개인차가 있다는 것을 잊어버린 것이다.

자기 옷맵시를 따지느라 양장점 디자이너와는 입씨름을 하면서도 아이의 옷이 얼마나 풍성하고 자유롭고 편리해야 되느냐에 대해서는 신경 쓰지 않는 어머니도 많다. 영양가 높은 음식만 먹여 칼로리 과잉 상태에 빠진 아이들을 가끔 목격한다. 이 아이들은 대개 자기의 육체적 에너지를 감당하지 못해서 정신적으로 불균형 상태가 되기도 하고 성격이 이상해져 가기도 하는데, 아이의 성격이 아빠를 닮아서 그렇다는 식으로 때워버리는 어머니도 있다.

어머니로서의 역할을 배우려고 열심히 공부하고 스스로 성장해야 한다. 왜냐하면, 자녀들이 혼인해서 독립할 때까지는 부모의 품 안에 있는 것과 같기 때문이다. 아이들에게 좋은 영향을 미치려면 교육 공부와 인생 공부를 해야 한다.

부모가 배워야 할 일이 한두 가지가 아니다. 먼저 어린아이를 이해하는 방법을 배워야 하고, 어린아이가 어떻게 커가는지를 배워야 한다. 건강한 육체를 갖추도록 어떻게 영양 관리를 해줘야 되는지를 배워야 하며, 어떻게 언어 지도를 해줘야 하고, 어떻게 지능이 발달하게 해줄 수 있는지를 배워야 한다. 그리고 어떻게 하면 좋은 성품이 길러지고, 성격의 기초는 어떻게 닦아주어야 하고, 좋은 버릇은 어떻게 길러줘야 하는지를 배워야 한다. 이렇듯 무수히 많은 일을 배워야 할 어머니 교육은 정말로 중요한 과업이 아닐 수 없다.

부모가 아니면
안 되는 교육
2

요즘은 아이 교육을 모두 돈 주고 사는 방식으로 한다. 말하자면 외주(外注) 교육이다. 특기 과외를 비롯해서 학교 공부와 관련해서는 학원 과외를 한다. 그러니까 사교육비가 엄청나게 드는 것이다. 예체능은 반드시 남이 가르쳐야 하는 것이 아니다. 일본의 한 소설가는 첼로를 독학으로 배워서 콘서트까지 열었다. 2009년 9월 한국에 와서 연주한 일본인 피아노 거장 사시키 이사오 씨도 피아노를 독학으로 공부한 사람이다. 뭐든 잘하고 못하고 가리지 않고 취미로 하는 것이면 독학으로도 얼마든지 배울 수 있다. 문제는 열정에 있다.

부모는 아이가 이것저것 여러 가지를 할 줄 알게 되기를 바란다. 아이에게 자신감을 심어주는 것이니까 참 좋은 학습 경험이 될 수 있다. 그러나 정작 아이에게 피아노를 가르치면서 어머니나 아버지는 옆에서 구경만 한다. 피아노 레슨 선생이 방문하면 아이를 가르치는 방법을 눈여겨보고 듣고 해서 본인도 따라 배우면 된다. 그렇게 하면 공짜로 레슨을 받는 셈이다.

그런데 피아노를 가르치거나 미술 학원에 보내거나 태권도장에 보내서 가르치는 까닭은 부모가 직접 가르칠 수 없으니까 그렇게 하는 것이다. 이런 공부는 어디에 가도, 누가 가르쳐도, 지정된 교사가 아니어도 할 수 있다. 그러나 반드시 부모여야만 할 수 있는 일이 따로 있다. 그것은 부모가 꼭 해야 하고, 부모가 더 잘할 수 있다. 그것이 뭘까?

감정교육

아이가 태어나면 부모는 아이를 얼러준다.

"아이고 내 새끼, 껄(혀 차는 소리)." 그리고 눈을 맞추면서 꼭 껴안아준다. 그러면 아이는 쌩글쌩글 웃는다. 그것이 감정 교류의 시작이다. 부모가 제일 처음으로 갓난아이에게 교육적 영향을 주는 것이 바로 감정 부분이다. 기쁘고 즐거운 감정, 사랑의 감정, 유쾌한 감정, 슬픈 감정, 불쾌한 감정, 긴장한 감정, 흥분한 감정, 편안한 감정 등은 다섯 살 이전에 이미 다 형성된다.

인간의 정신 기능 중에서 제일 빨리 만들어지는 것이 감정이다. 그것은 대부분 밖(어른, 부모, 형제자매)으로부터 영향을 받아서 만들어진다. 아이가 스스로 만드는 것이 아니다. 그러니까 아이의 감정교육에서는 부모가 가장 중요한 요원(agency)이다.

필자들은 부모가 아이를 사랑하는 방식은 '접촉(contactship)'이어야 한다고 주장한다. 즉, 피부의 접촉(skinship), 눈의 접촉(eye-contact), 언어의 접촉(communication), 표정의 접촉(body sign), 그리고 감정의 접촉(sympathy, empathy)이 있어야 한다. 인간을 '감정의 동물'이라고 하지 않는가? 이런 접촉을 통해 감정교육이 되는 것이다. 특히 감정의 접촉이 없으면 아이는 사랑을 느끼지 못한다. 사랑의 감정은 접촉으로 만들어지는 감정이기 때문이다.

그런데 요즘 젊은 부모 중에는 무감동하고 무표정하고 사무적으로 아이를 다루는 부모가 꽤 있다는 데 놀라지 않을 수 없다. 매사에 무덤덤하고 사무적이다. 그래서 "우리 엄마는 계모야!"라고 내뱉는 아이도 있다. 감동이 없기 때문이다. 아이가 학교에서 뭔가 성취해서 즐거운 마음으로 귀가를 해도 엄마는 '뭐 별일이라고!' 하는 표정으로 대응한다.

엄마가 이런 감탄사를 자주 써주면 좋겠다.

"야! 예쁘다. 괜찮은데!"

"와, 아름다워. 굉장한데!"

"야아, 잘했다 잘했어!"

"야아! 멋있다!"

이런 감탄사를 많이 쓰자. 서양 사람들, 얼마나 감탄사를 잘 쓰는가? 무슨 경치를 보거나 남을 칭찬할 때 감탄사를 연발한다. 그런데 우리는 이런 표현에 인색하다. 어릴 때부터 감정 표현을 솔직하게 하는 훈련은 매우 중요하다. 그것은 예술적 감각을 익히고 감성을 자라게 하는 데도 중요하기 때문이다.

감정교육의 중심은 가정이다

지식과 기술은 집 밖에서도 배울 수 있다. 그러나 감정은 배우기 어렵다. 부모가 아이에게 동화책을 읽어주는 동안, 재미있는 이야기를 들려주거나 일상적인 이야기를 나누는 동안, 뭐가 아름답고, 뭐가 추하고, 뭐가 감동을 주고, 무엇에서 슬픔을 느끼고, 어떤 행동에서 죄책감을 느끼고, 무엇에서 모순을 느끼며, 어떤 일에 화가 나는지를 아이는 경험하게 된다. 풍부한 인간성이란 것도 따지고 보면 감정과 관계가 있다.

일반적으로 '감정교육' 하면 여성, 어머니 몫이라고 생각하기 쉬우나 아버지의 역할도 중요하다. 책을 읽어주거나 아이를 어디에 데리고 가거나 함께 영화나 연극을 보거나 콘서트에 가면서, 아버지는 감정교육을 할 수 있다. 이때 아이의 느낌과 생각을 물어보거나 아버지의 느낌과 생각을 말해주면서 아이의 정서를 건드려보는 것이다.

서양 아이들은 외국에 여행을 가면, 그 나라의 음식이나 특산물 같은 것을 보고 느끼고 알려고 노력한다. 그래서 여러 가지 질문을 많이 한다. 단지 보기만 하지 않고 시식해보려고 한다. 무슨 맛일지 궁금한 것이다. 그런데 한국 어린이들은 시식해보려는 생각은 안 하고 정보를 아는 데 더 많은 관심을 보인다. 이름이 뭔지, 산지는 어딘지, 성능은 어떤지에 더 관심을 갖는다는 말이다. 그래서 느낌이 없다. 부모가 일상적으로 감동하고 느끼면서 사는 모습을 아이에게 보여주어야 한다는 사실을 알 수 있다.

수고하는 일(근로정신)을 가르쳐야 한다

몸을 움직여서 일하는 교육은 가정 이외에는 할 곳이 없다. 사회가 점점 고령화되어가면서 지금은 옛날처럼 죽을 때까지 일해야 하는 시대가 되었다. 예순 살에 정년퇴직을 한다 해도 평균수명인 여든 살까지 20년간 무엇을 하고 살 것인가?

연금만 바라보며 놀 수만은 없지 않은가? 건강을 위해서도 그렇고,

여가를 효과적으로 보내기 위해서도 몸을 움직여야 한다.

그런데 요즘은 가정이 기계화되어 있어서 가전제품이 주부 대신, 가족원 대신 일을 다 해준다. 그러니 일할 거리가 없다. 없다기보다는 적어졌다. 그래서 사람들이 몸을 움직여서 일하길 좋아하지 않게 되었다. 게을러졌다고나 할까?

우리 조부모 세대는 어릴 때부터 일하는 것을 배웠고, 그것을 천직이라고 생각했다. 한 세대 내려와서도 일하는 것의 가치와 필요성을 통감하지만, 현실적으로 그것을 아이들에게 강요할 수 없게 되었다. 요즘은 아이들에게 심부름을 시키는 가정이 거의 없다. 아이들에게 슈퍼에 가서 무엇을 사 오라고 시키지 않는다. 전화해서 갖다 달라고 하면 배달해 주기 때문이다.

그런데 막상 사회에 나가보면, 밤 12시까지 일해야 할 때도 있고, 밤을 새울 때도 있다. 원하지 않는 곳으로 출장을 가거나 파견 근무를 해야 할 경우도 있어서 그것을 거절하면 직장을 그만두어야 한다. 사회는 그리 만만치 않다. 일을 안 하다가 고된 일을 맡으면 감당하지 못해서 직장에 대해 불평하고 사표를 쓰는 사람도 꽤 있다.

일하는 즐거움, 일의 가치, 일의 결과에 대한 예측 같은 것을 가지고 있으면 그것이 그렇게 힘든 것은 아닐 것이다. '공부'도 일종의 일이다. 일이 즐거워야 성과가 좋듯이, 공부도 즐겨야 성과가 좋아진다.

집에서 일하는 방법을 가르치는 방법은 다음과 같다.

■ 자기 일은 자기가 하게 한다. 자기 방 청소, 식사 후 자기 수저와 그릇은 자기가 씻어서 처리한다.

- 자고 일어나면 이부자리도 자기 것은 자기가 개서 치우게 한다.
- 집 안 청소도 하게 하고, 화초에 물 주는 일도 시킨다. 이때 일하는 방법을 가르쳐준다. 그릇을 닦는 방법, 청소하는 방법, 이불 개는 방법을 가르쳐준다.
- 이때 아이들에게 책임이란 것을 가르치고 노동의 가치에 대해 교육한다.

자칫하면 부모가 육체노동을 경시하거나 천시하는 듯한 말을 하기 쉬운데, 그래서는 안 된다. 공산주의 사회가 아니더라도 노동의 가치에 대해 교육하는 것이 중요하다. 아이를 이기주의자로 길러서는 안 되고, 일하는 것을 즐겨야 성공할 수 있다는 사실을 가르쳐주어야 한다.

왜 일하기를 가르치지 않는가

"내일 시험 있지? 다른 건 엄마가 할 테니까 너는 시험공부나 해라."

어떤 시대에도, 어떤 사회에서도, 게으른 사람은 성공하지 못한다. 아이들이 장차 사회에 나가 직업을 가졌을 때, 의욕과 책임감을 가지고 일하는 사람은 살아남을 수 있지만 눈치나 보고 몸을 사리는 사람은 직장에서 살아남을 수가 없을 것이다.

새로운 지식, 새로운 기술, 새로운 정보는 부모가 가르쳐주기에는 부담이 되니까 돈 주고 교사를 고용하지만, 의욕·책임감·성실성·열성 같은 것은 돈 주고 살 수가 없다. 이런 자질은 어릴 때 집에서 일을 시키는 과정에서 자연스럽게 가르치는 것이다.

이런 것을 가르칠 수 없으니까 공부라도 열심히 시켜서 부모와는 다른 세상에서 잘살기를 간절히 바란다. 그러다 보니 지식·기술 쪽으로만 강조하기 쉽다. 아이들의 권리와 주장을 존중해줘서 일을 안 시키는 것이 바람직하다는 잘못된 생각을 가진 부모가 많다. 어려운 일은 가전제품이 하고 가족원을 가사 노동에서 해방시키는 것이 가정 문화를 고급화하고 향상시킨다는 과대 해석으로 아이들에게 일을 안 시키는 것은 잘못된 생각이다.

일할 의욕을 잃으면 이 세상에서 살아남기가 쉽지 않다. 아이가 일하기 싫어한다는 이유로, 또 공부가 급하다는 핑계로 일을 안 시키면 아이는 무능한 사람이 되기 쉽다. 일은 모든 성취의 강력한 수단임을 일깨워 주어야 한다.

경제 교육

'경제 교육'이라고 했지만 실은 금전 교육이 중심이다. 가정에서 받은 금전 교육이 아이의 일생 동안의 경제관념을 좌우한다. 그래서 이 문제는 중요하다.

경제 교육은 먼저 아이들의 용돈 관리, 일(심부름 등)과 그 대가의 관계, 물자 절약, 예산 세우기, 돈의 절약, 환경문제와 경제, 쓰레기 문제, 저축, 돈의 사용과 사후 관리 등 여러 가지가 있다.

선진국에서는 경제 교육을 비교적 어릴 때부터 잘하고 있다. 그래서 아이가 터무니없이 용돈을 달라고 하지 않고, 노동의 대가로 용돈을 받는 것을 당연하게 생각하며, 수입 내에서 지출을 한다는 생각을 일찍부터 갖는다.

■ 용돈 관리 교육을 한다.

집에서 아이들에게 심부름의 대가로 주는 용돈을 어떻게 처리할 것인지를 생각해보자. 용돈 관리 교육은 일종의 소비자 교육이다. 이때 자기 용돈은 스스로 쓸 곳을 결정해서 사용하게 한다. 단 합리적으로 유용하게 쓰게 하고, 자기 책임하에 쓰게 하면 좋다. 너무 간섭하지 않는 것이 좋다. 그리고 용돈을 주었다가 다시 빼앗는 일은 없어야 한다.

■ 용돈은 일하고 대가로 받는 것이란 점을 강조한다.

서양에서는 용돈을 무조건 일정 액수로 주지 않는다. 그러나 아이들이 필요에 따라서는 정당한 이유를 대고 부모에게 요구하면 준다. 접시 닦기, 잔디 물 주기, 동생 돌보기, 부모님 심부름하기 등 일하고 받는 것을 원칙으로 한다. 그래서 돈이란 공짜로 받는 것이 아니란 것을 일찍이 배우는 것이다.

■ 용돈 관리나 금전 교육에는 부모가 일치된 의견을 보인다.

집집마다 용돈 관리에 대해 아빠와 엄마 사이에 차이가 있다. 돈 씀씀이에 대해 엄마는 짜고 아빠는 후하다든지, 할아버지 할머니는 후하고 아빠 엄마는 엄격하다든지 하는 차이가 있다. 가끔 두 의견 사이에서 아이들이 좀 곤란해지는 경우도 있다. 될 수 있는 한 가정 안에서는 돈에 관해 일관된 방침으로 밀고 나가는 것이 좋다. 왜냐하면 이때의 일관된 방침이 일생의 지침이 되기 때문이다. 그리고 이랬다저랬다 하면 아이만 혼란에 빠지기 때문이다.

돈을 깨끗이 간수하라든가, 돈을 통장에 넣어두고 쓰거나 저금통에 넣어두었다 쓰게 한다든가, 돈은 수고의 대가로 받는 것이니까 귀한 것이라든가, 돈도 가치 있지만 돈만 아는 사람은 인색하고 '돈의 노예'가 되기 쉽다든가, 돈은 꼭 필요할 때만 써야 한다고 가르치는 것을 잊지 말아야 한다.

개성을 살리는 교육

개성을 살리는 교육은 가정만이 잘할 수 있다. 학교는 인원수가 많아서 어렵다. 이 세상에는 누구도 똑같은 사람이 없다. 모습도 그렇고, 생각도 그렇고, 이상, 희망, 능력, 적성, 성격 모두 다 다르다. 비록 일란성 쌍생아라도 완전히 똑같은 것은 아니다. 그래서 사람은 누구나 제각기 '개성'이란 것을 갖는 흔히 개성을 살려서 교육해야 한다고 주장은 하지만 어떻게 해야 하는지는 쉽지 않다.

다른 아이들과 특별히 다른 점, 그 아이만의 독특한 점, 비교적 장점으로 생각되는 특이한 점을 개성이라고 한다. 이 개성이란 것은 누구나 가지고 있는 특징이다. 성격상의 특징, 지능상의 특징, 적성상의 특징 등이 있는데, 예를 들면 이렇다.

☞ **키가 매우 크다** : 농구 선수로 키우면 좋겠다.

손이 매우 작다 : 자수를 비롯한 공예를 공부하면 좋겠다.

☞ **음반에 대한 박식한 정보를 가졌고, 음반 수집에 굉장한 취미를 가지고 있다** : 음반 박물관을 운영하면 좋겠다. 음악 DJ, 음악평론가, 음악사가(音樂史家)가 되면 좋겠다.

☞ **모형 비행기 날리기에 특별한 재능이 있다** : 조종사가 되거나 항공기 엔지니어, 항공기 설계자가 되면 좋겠다.

☞ **손재간이 좋다** : 화가, 공예가, 양궁 선수, 골프 선수, 기계설계자가

- **그림을 잘 그린다** : 화가, 디자이너, 건축가로 키운다.
- **말을 잘한다** : 법관, 앵커, 교수, 교사, 목사, 정치가로 키운다.
- **얌전하고 수줍어한다** : 학자, 연구자, 과학자, 종교인으로 키운다.

그러니까 아이 하나하나의 개성, 성격, 적성과 흥미, 체격, 지능상의 차이를 토대로 그 아이에게 맞는 진로를 택하고 취미 생활을 할 수 있도록 해주는 것이 부모의 도리다.

그러면 어떻게 하면 개성을 알 수 있을까? 개성이란 아이에게는 다이아몬드와 같이 귀한 자산이다. 누구나 이 다이아몬드를 가지고 있다. 이것을 빛내주는 것이 부모의 도리일 것이다.

- 아이에게 자유롭게 활동해볼 기회를 준다. 물론 남에게 폐가 되지 않고 안전하게 해야 한다.
- 관심의 대상을 만났을 때에는 그것에 한동안 몰입할 기회를 준다. 전력투구해보게 한다.
- 재료는 가소성(可塑性)이 있는 것(융통성이 많은 소재가 좋음)을 제공해 준다.
- 관심의 대상은 나이에 따라 계속 바뀐다. 따라서 계속 새로운 자극을 준다.
- 부모 자신이 개성적으로 활동하는 것을 아이에게 보여준다.
- 획일적이고 기계적인 사람은 사회에서 각광받지 못한다. 지금은 유별난 아이, 괴짜 같은 아이가 도리어 주목을 받는 사회로 변하고 있다.
- 개성은 곧 창조성과 관계가 있다. 창조적 능력을 길러주려면 반드시 아이의 개성적인 특징에 관심을 가져야 한다.

■ 개성교육을 한답시고 기본을 잃어버리면 안 된다.

생활기능 교육

'생활기능 교육'이란 일상적으로 집 안에서 일어나는 여러 가지 변화와 사건을 처리하고 해결하는 능력과 기술을 길러주는 교육을 말한다. 이것이야말로 부모가 해야 할 일이고 가정에서만 할 수 있는 교육이다.

이 능력과 기술은 일생 동안 살아가는 데 필요한 기술이다. 이 교육을 잘못하면 비용이 더 많이 들고 만일의 사태나 위기에 대처하기 어려워진다. 옛날에는 두꺼비집의 퓨스가 끊어지면 어린아이들이 다 해결했다. 아버지한테서 배웠기 때문이다.

어떤 친구는 부부 동반으로 해외여행이라도 가게 되면 부인이 짐을 다 챙기고 본인은 맨손으로 여권만 달랑 들고 공항에 간다. 부인의 불평이 이만저만이 아니다. 그래도 그는 막무가내다. 손끝 하나 까딱 안 한다. 그는 부잣집 외아들로 컸기 때문에 어릴 때 일이란 것을 해볼 기회를 갖지 못했던 것이다.

요즘은 아이에게 생활교육을 너무 안 시키고 공부만 시켜서 아이들이 똑똑한 것 같은데 한편으로 맹탕이다. 나사못 하나 박을 줄 모르는 아이, 청소기 돌릴 줄 모르는 아이, 음식 쓰레기 치울 줄 모르는 아이가 생긴다.

이런 생활기능 교육은 평생토록 써먹는 교육이기 때문에 어릴 때부터 습관화해야 한다. 그러면 어떤 것들이 있을까?

- 청소하기
- 주변을 청결하게 유지하기
- 화장실 사용 방법
- 음식 천천히 잘 씹어 먹기
- 음식 가려 먹지 않기
- 일찍 자고 일찍 일어나기
- 옷을 제대로 반듯하게 입고, 벗었을 때에는 제자리에 걸어놓기
- 위험한 놀이 안 하기, 위험한 곳 접근 안 하기
- 물자 아껴 쓰기
- 쓰레기 함부로 안 버리기
- 전기, 기름, 물 아끼기
- 예의 지키기
- 이웃과 인사하고 지내기
- 올바른 말씨 쓰기
- 집 안의 사소한 고장, 불편한 것 고치기 등

가치관 교육

가치관 교육이란 세상을 살아가는 데 무엇이 중요하고 무엇이 하찮은 지, 어떻게 하는 것이 잘하는 것이고 어떻게 하는 것이 잘못하는 것인지를 알게 하는 교육이다. 가치는 상대적이지만, 적어도 우리 사회가 합의를 본 기준 같은 것이다. 예를 들어, "부모에게 효도해야 한다"라는 것은 지키기 쉽지는 않지만 중요한 가치다. 부모에게 대들고 거짓말하는 것, 남에게 화난다고 폭력을 쓰는 것, 자기가 득을 보려고 친구를 모함하는

것은 나쁜 행동이다. 반면 맡은 일은 책임지고 처리하고, 거짓말해서 이득을 보지 않는 것 등은 보편적으로 인정하는 가치다.

그런데 이런 가치관은 부모가 가정에서 알게 모르게 가르치고 있다. 부모가 아이의 행동에 대해 "그건 안 돼"라고 했다면 그 행동은 가치가 없는 행동인 셈이다. "이렇게 해"라고 했다면 그 행동은 가치가 있는 행동이다. 부모가 지나가는 말로 하는 것 같지만, 그런 말 속에 은근히 좋은 것과 나쁜 것이라는 뉘앙스가 들어 있다. 부모가 싫다는 뉘앙스를 풍기면 그것으로도 아이들은 가치를 배운다.

- 가치관 교육은 일생 동안 가지고 가는 학습이다. 어릴 때 형성된 가치관은 좀처럼 바뀌지 않는다.
- 가치관은 그 집안의 분위기로도 가르치는 것이다. 반드시 말이나 글로 표현해야 하는 것이 아니다.
- 가끔은 토론 형식이나 설명 형식으로 아이에게 알려주어야 한다.
- 잘못된 가치관을 바로잡아 줄 때에는 반드시 이치에 맞게 설명해주어야 한다. 우격다짐으로 강요해서는 안 된다.
- 가장 소중하게 여겨야 할 가치관은 생명 존중이다.
- 개개인의 인격을 존중해주어야 한다.
- 가정을 소중히 여기는 생각을 갖게 한다.
- 다른 사람도 나만큼 소중한 존재라는 것을 일깨운다.

이웃과 관계 교육 : 이웃이 사촌이 되게 가르치자

소자녀 가정(少子女家庭)이 확산되다 보니 아이들이 가정 안에서 어른들과만 소통하게 된다. 그러다 밖에 나가면 친구들과 관계를 맺고 살아야 하는데, 어른들과만 지내다 보니 친구와 관계 맺기가 서툴다. 아이가 똑똑해 보이고 어른스러운 말투를 쓰니까 제법 조숙한 것처럼 느껴지지만, 사실은 어색해하고 마음이 개방되어 있지 않아서 문제가 생긴다.

앞으로는 '이웃이 사촌'이 되도록 살아가야 할 것이다. 형제자매가 없으니까 우선 친구할 상대가 없다. 옛날에는 집안에서 맏이와 막내사이에 15년 정도 차이가 있는 경우도 있어서 형제간에도 큰형(큰오빠)이나 큰누나(큰언니)는 부모의 대리자였다. 그래서 믿음직스럽고도 어려워했다. 동생들을 거느리면서 리더십도 갖게 된다. 한두 살 터울의 동기(同氣)끼리는 갈등과 경쟁의식을 갖고 모든 면에서 경쟁자가 된다. 형제가 여럿 있으면 그 속에 작은 사회가 존재했던 셈이다.

거기서 상하 관계도 배우고, 지도력도 키우고, 대등한 거래 방식도 배우고, 존경하는 법, 사랑하는 법, 도와주는 법, 도움을 청하는 법, 감사하는 법도 배운다. 그러나 요즘은 그런 교육적 부산물이 없다. 그래서 그 대안으로 이웃을 사촌으로 만들어가야 한다.

그렇게 하려면 이런 대안이 있을 것이다.

■ 아이의 생일에 친구를 많이 부른다.

　작은 선물도 주고 조촐한 잔치도 한다. 또 가능하면 재미있는 이벤트도 벌인다. 그래서 아이가 친구를 형제처럼 느끼게 하고, 일생 동안 친밀하게 지내도록 가르친다.

■ 현장 지도를 한다.

　여행을 가서, 나들이를 가서, 목욕탕에서, 쇼핑센터에서, 지하철 객차 안에서, 그 자리에서 이웃과 어떻게 지내는 것이 좋은지를 가르친다. 굳이 집 안에서 잔소리처럼 가르치기보다는 현장 지도를 하는 것이 효과적이라는 점을 이해하기 바란다.

■ 모든 이의 것은 내 것처럼 아끼도록 가르친다.

공공장소의 공공기물은 모든 사람의 것이지만, 그것을 아끼는 정신은 내 것처럼 다루도록 가르친다.

■ 미리 알게 된 사람이 처리한다.

집 안이 어질러져 있거나 수도꼭지가 열려 있는 것을 발견하면, 먼저 알게 된 사람이 처리하도록 가르친다.

■ 뒤에 올 사람의 입장을 생각한다.

화장실이나 유원지 등에서 쓰레기를 버리면 나중에 올 사람에게 얼마나 폐가 되고 불편할지를 생각하게 한다.

■ 사람은 모두 생각이 다르다는 것을 인정한다.

내 생각만 옳다고 우겨서는 안 된다. 세상에는 수많은 사람이 사는데, 생각이 같을 수가 없다. 그래서 일을 할 때나 무엇을 결정할 때에는 다른 사람의 의견을 들어보는 너그러운 마음을 갖게 한다.

■ 이웃끼리는 서로 인사하고 자주 교류한다.

아무리 경쟁 상대라 하더라도 일단 친구로서, 언니 동생으로서 사귀는 것을 권장한다. 같은 학년이라든가, 같은 반이라든가, 옆집에 사는 친구와는 자주 오가면서 잘 지내도록 가르치고 엄마와 아빠도 그것을 실천한다.

이렇게 해서 이웃이 사촌처럼 친하게 지내는 경험을 통해 아이는 외동이 혼자라는 것 때문에 겪을 불편과 외로움을 극복할 수 있다.

엄마의 사랑이
교육력

3

신은 모든 곳에 있을 수 없기 때문에 어머니를 만들었다고 한다. 가톨릭에서 성모 마리아를 높이 숭상하는 이유는 예수를 낳으셨고 아들 예수에게 가장 근접한 거리에서 사람들의 기도를 전해줄 수 있기 때문이다. 신교에서는 그런 것이 없다.

벤더라는 미국의 교육자가 쓴 글에 이런 대목이 있다. "사람은 정직하게 자신을 사랑하지 않고서는 남을 사랑할 수 없다." 이 얼마나 공감하게 하는 글인가? 자기 자신을 미워하면서 자녀를 사랑할 수 있을까?

20세기 초 영국의 위대한 철학자였던 버트런드 러셀(Bertrand Arthur William Russell, 1872~1970)은 이렇게 말했다.

"자녀들에 대한 부모의 사랑의 진짜 가치는, 그것이 다른 어떤 사랑보다도 훨씬 믿을 만하다는 사실에 있다. 친구는 그의 장점 때문에 좋아하고, 애인은 그의 매력 때문에 좋아하게 된다. 만일 그 장점이나 매력이 줄어들면, 친구나 애인은 사라져버릴 수도 있다. 그러나 부모가 가장 믿을 만한 것은 불행한 때와 병들었을 때이며, 또 올바른 부모라면 망신을 당할지라도 의지가 되는 것이다."

대체로 어머니의 사랑이란 변하지 않는 사랑이다. 아기를 낳을 때 자기 생명을 걸고 진통을 겪는다. 그러나 그 고통 때문에 아이를 미워하지 않는다. "아이가 없는 사람은 사랑이 무엇인지 모른다"라는 속담도 있다. 부모는 아이를 갖는 경험을 통해 진정한 사랑을 경험하게 된다.

그런데 우리네 가정에서는 이런 사랑을 주는 데 대체로 절제가 없는 것 같다. 자녀 사랑을 어떻게 관리하느냐, 어떻게 분배하느냐가 사실은 어려운 과제다. 어떻게 사랑하느냐에 따라 엄격한 부모가 되기도 하고, 독재적인 부모가 되기도 한다. 아이에게 지나치게 오냐오냐하는 부모가 되기도 하고, 때로는 사랑을 거부하는 부모가 되기도 한다. 또 어떻게 관리하느냐에 따라 아이의 성격이 확 달라질 수도 있다.

예를 들어, 공부나 좀 잘하면 예뻐해주고 성적이 시원찮으면 미워하는 식으로 사랑을 하면 아이가 부모를 불신하게 된다. 어릴 때의 가정교육이란 결국 이 사랑을 어떻게 관리하느냐와 관련이 있다. 일관성을 가지고 사랑하느냐, 부모가 아이에게 쩔쩔매면서 매달리느냐, 방임주의냐, 아니면 미워하느냐에 따라 아이의 삶이나 행동이 얼마나 달라지겠는가? 그래서 '사랑하는 것'이 곧 '교육하는 것'이 된다.

부모는 온몸으로 가르치는 모습(꼴)이 된다

정말로 금실이 좋아서 아이를 갖게 되었다면 누가 자녀를 사랑하지 않겠냐마는 사랑하는 방법을 보면 집집마다 아주 큰 차이가 있다. 그래서 아이에게 이래라저래라 가르치려고 들기 전에, 사랑하는 방법·태도·철학 같은 것을 부모가 먼저 공부해야 할 것이라고 생각한다. '자녀를 사랑해주십시오' 라고만 가르쳤지, '어떻게 사랑하십시오' 라고 가르친 사람은 별로 없는 것 같다.

부모는 그의 성격으로 가르치고, 그의 태도로 가르치고, 그의 습관으로 가르치고, 그의 품성(品性)으로 가르치고, 그의 몸가짐으로 가르치고, 인생에 대한 경험으로 가르친다고 할 수 있다. 그런데 이와 같은 가르침이란 거의 무의식적으로 이루어지기 때문에, 실제로 부모가 가르치려고 생각하지 않았던 것도 가르치는 경우가 얼마나 많은지 모른다. 가끔 자기 아이를 보고는 '나는 저러지 않았는데', '저럴 리가 없는데', '저렇게 가르치질 않았는데' 하고, 기대에 어긋난 반응에 놀랄 때가 있다. 그러나 따지고 보면 이미 아이는 모방을 통해 부모의 것을 배우고 있었다. 아! 이 얼마나 무서운 일일까? 그럴 때에는 '나는 과연 아이에게 무엇을 가르치고 있는 것일까?' 하고 자기 자신을 되돌아보아야 할 것이다.

우리가 아이에게 말로 가르치는 것이 아니라 몸으로 가르치고 있다니, 그것은 또 무슨 말인가? 예를 들어, 아이가 학교에서 구호금을 보내달라니까 어머니가 "옜다, 여기 있다. 가져가. 무슨 놈의 학교가 밤낮 돈, 돈 하는지 모르겠다" 하면서 돈을 휙 던졌다고 하자. 여기서 아이가 배우는 것은 한두 가지가 아니다. 학교를 얕잡아 보고, 교사의 교권을 무시하고, 교육이 시시하다는 것을 배우고, 부모가 교육보다 돈에 더 신경을 쓴다는 것을 배우게 되는 것이다. 이와 같은 것을 가르치려고 하지는 않았지만 실제로 가르치고 있는 셈이다.

역경에서도
살아남는 힘
4

개인 생활에서나 국가와 기업의 발전에서 무엇이 성공을 가져왔으며 무엇이 실패를 초래했는지 알고 싶으면, 이 문제에 대한 방대한 실험 보고서인 미국의 역사책(미국사)을 보는 것이 좋다고 말한 사람이 있다. 이 말을 한 사람은, 미국 유명한 기업의 경영 고문이요, 유명한 연설가인 엘머 휠러(Elmer Wheeler)다.

미국의 역사책 속에는 지금까지 인류가 겪어온 최고의 성공담과 실패담이 모두 담겨 있다. 그 한 예로 미국 흑인 가정 출신의 오바마가 제28대 대통령으로 당선된 사건을 들 수 있다. 그리고 미국의 실패한 전쟁, 베트남 전쟁과 이라크 전쟁의 이야기도 여기에 속한다.

이 책 속에는 우리의 개인적 성공에도 도움이 될 만한 이야기가 적혀 있다고 휠러는 말했다. 필자가 미국에 공부하러 갔을 때 제일 먼저 사서 읽은 책은 윌리엄 밀러가 쓴 《새 미국사》라는 책이었다. 미국사 중에서도 가장 흥미를 끈 대목은, 초기 이주민이 미국 땅에 들어오기 전후와

독립 전후의 이야기였다.

여기에는 인간 의지의 승리가 기록되어 있다. 첫 이주민들은 고향(영국, 아일랜드, 프랑스, 네덜란드 등)을 버리고, 대양을 건너 위험과 경이로 가득 차 있는 황야(미국 인디언들이 사는 대륙)로 돌진해갔다. 이것은 마치 오늘날 달나라로 가기 위해 로켓을 타고 우주여행을 하는 것과 같은 모험이었을 것이다. 그런 모험 속에서 그들이 보장된다고 믿고 있던 것은 무엇이었을까?

실제로는 아무것도 보장되지 않았다. 아무도 그들을 지켜볼 사람이 없었으며, 보호받을 법도 갖지 못했던 것이다. 말하자면 '무권리 상태(無權利狀態)'라고 할 수 있었던 삭막한 상황에 당면해 있었던 것이다. 서부활극에 나오는 황야에 내버려진 총잡이와 같은 외로운 신세였다.

그러나 이런 상황에서 그들이 믿고 있었던 것은 법이 아니었다. 그들 마음속에 있었던 '자유의 갈구', '자존심의 보존' 같은 것이 바로 그런 힘의 근원이었다.

필자가 이 글에서 성공이라고 한 것은, 물질적 성공을 의미하는 것이 아니다. 견디기 어려운 고난을 이겨내고 신념을 관철하고자 자기의 생활과 육체를 위험 속에 내놓게 한 원동력이, 물질적인 유인(誘因, 즉 인센티브)이 아니라 정신적인 것이었음을 말하려는 것이다.

이와 같이 역경 속에서 위대한 국가 '미국'을 건설한 힘은 '정신'에서 왔다는 사실을 기억하면서, 개인의 삶에서도 마찬가지로 사람을 역경 속에서 살아남게 하는 것은 물질적 유인이 아니라 정신적 승리란 점을 아이들에게 가르치고, 부모 자신도 그렇게 실천하기를 바란다. 이 교육은 중요한 일생의 자산이 될 것이다.

단련은 보약이다

단련(鍛鍊)이란 말은 쇠붙이를 불에 달구어서 두들기는 것을 뜻한다. 두들겨야 원하는 도구를 만들어낼 수 있지 않은가? 두들겨 맞아야 쇠는 단단해진다. 이런 이치로 아이가 장차 닥칠지도 모를 역경을 이겨낼 수 있도록 힘을 길러주려면 어릴 때 단련을 시켜야 된다.

요즘 어린아이들은 생활 여건이 아주 좋은 가정환경 속에서 살다 보니 조금만 불편해도 잘 참지 못해서 금세 짜증 내고, 일을 계속 하지 못하고, 중도에 포기하고, 좌절하는 예가 많다. 교통수단이 발달되어 있고, 웬만한 도시에서는 각 가정마다 자가용 승용차가 있어서 이동이 수월해졌다. 그래서 아이들조차도 걸어 다니지 않고 자가용을 타고 다니려고 든다.

IT 기술이 발달되어 휴대전화, 휴대용 DB 기기, 스마트폰, 초고속 인터넷의 보급으로 원하는 정보를 초고속으로 검색하고 활용할 수 있게 되고 보니 불편을 잘 모르고 산다. 그래서 즉각적인 반응(서비스)이 없으면 화내고 짜증 내고 신경질 부리고 안절부절못하는 조급성까지 학습하게 되었다.

학교에서도 교정에 전교생을 세워놓고 조회를 못한다. 쓰러지는 학생이 생겨나기 때문이다. 원거리 여행, 소풍, 현장학습, 탐사, 캠프 등 을 하려면 사전에 아이들 건강부터 점검해야 하고, 부모의 동의를 받아야 하고, 안전 대책을 세워놓아야 한다. 왜 어릴 때 어려움을 이길 수 있는 인내심·체력·지구력·담력·배짱 같은 것을 길러놓아야 하느냐 하면, 어른이 되었을 때 더 어려운 역경이 닥쳐도 이를 극복할 수 있도록 하려는 까닭이다. 세상은 넓고 험악한 곳도 많다.

- 세상에는 분쟁 지역이 많다. 여기에는 생명을 위협하는 요인이 많다. 이런 곳에서 살려면 용기가 있어야 한다. 그리고 특수한 사명감도 가지고 있어야 한다.
- 히말라야 산맥 등반, 극지(極地 : 남극과 북극) 탐험을 하고 싶어 하는 사람들이 있다. 이 경우는 생명을 내놓고 모험하는 정신이 있어야 한다.
- 아프리카나 오세아니아의 열대지방에는 풍토병이 있어서 그런 곳에서 일하려면 면역력이 강해야 한다.
- 운동, 여가 선용, 체력 단련을 위해 산악 등반, 래프팅, 서핑, 수상스키, 철인 3종 경기 등 아주 어려운 운동도 해낼 수 있어야 한다.
- 아직 개척되지 않은 인도, 중앙아시아, 시베리아, 아프리카 등 환경 조건이 열악한 곳에서도 회사 일로, 외교관으로, 개인 사업으로, 선교사로 가서 일하려면 엄청난 체력과 인내심과 도전 정신이 있어야 한다.

어른이 되어서 해외 파견 근무 명을 받았는데 근무 환경이 열악하면 그 직장을 그만두는 사람이 많아졌단다. 또 외국에 공부하러 가서도 선진국 학생들처럼 도서관에서 밤샘 공부를 지속하지 못한다. 그 이유가 체력이 달리고 인내심과 지구력이 부족하기 때문이란다.

영국 왕자들의 단련 방법

영국의 왕자들은 어릴 때부터 리더십을 기르려고 상당한 훈련을 받는 것으로 알려져 있다. 20여 년 전 영국과 아르헨티나가 포클랜드에서 전쟁을 벌였을 때 영국 왕자 에드워드가 해군 헬리콥터 조종사로 참전한 일이 있다. 그것도 징집명령을 받아서가 아니라 자원입대한 것이다.

우리나라와는 정반대다. 우리나라는 어떻게 된 일인지 나라에 큰일이 터지면 부잣집, 고관 집, 국회의원 집 아이들은 일찌감치 외국으로 피신을 간다. 이런 사실을 증명해주는 예로, 그런 분들의 자제 가운데 군 미필자가 일반 국민들 중의 미필자보다 10퍼센트 이상 많다는 사실을 들 수 있다. 왜 그런지는 잘 모르겠으나 신체검사 불합격자가 많다니, 귀한 집안 자식이어서 몸을 아끼느라고 단련을 안 시켰는가 보다.

영국 왕자들의 이야기를 좀 더 하자. 이들은 고등학교 다닐 때, 겨울에는 하루 한 번씩 꼭 냉탕에 들어가서 내한훈련(耐寒訓練)을 받는다고 한다. 그리고 대학 과정에서는 요트, 럭비, 스키 등 스포츠를 많이 한다. 그 이유는 지도자가 되려면 강인한 체력과 정신력을 지녀야 하기 때문이다. 그것은 어릴 때부터 어려움(역경)을 이겨낼 수 있는 힘을 길러줌으로써 가능하다.

우리나라 아이들은 너무 귀하게만 크다 보니 어른이 되었을 때 역경을 이기는 힘이 달린다. 필자의 아들이 조그마한 회사를 운영한 적이 있는데, 회사가 좀 외딴곳에 있다고 교통 불편을 핑계로 한 달 근무하고 그만두는 직원들도 있고, 주변에 휴게 시설 같은 것이 없다고 그만두는 직원들도 있어서 그곳에서는 도저히 회사를 운영할 수가 없었다고 한다.

임요한 박사의 강의 '고생해본 아이가 성공한다'

임요한 박사는 세브란스 병원의 의사인데, 외증조부가 순천에 오셔서 선교사로 일하셨다. 한국에서 태어나 순천에서 초등학교를 다니고, 연세대학교 의과대학과 고려대학교 의과대학에서 학위를 받고, 현재 연대 의대 가정의학과 교수로 있으면서 연세의료원의 외국인 진료 과장으로 있는 분이다. 2009년 2월 26일 아침 **KBS** 아침마당〉에서 강의하는 것을 듣고 가벼운 충격을 받았는데, 그의 교육에 대한 의견을 참고하려고 한다.

그분의 부인이 한국인이기 때문에 더욱 현실적이고 중요한 이야기라고 생각되어 소개한다. 그분은 아이들 교육에서 다음을 강조했다.

- 감사할 줄 아는 아이로 키운다.
- 고생을 해본 아이로 키운다.
- 야단맞아 본 아이로 키운다.
- 봉사할 줄 아는 아이로 키우라고 강조 했다.

즉, 이 말을 뒤집으면 다음과 같은 의미가 된다.

- 고생시키면서 키운다.
- 감사하면서 사는 버릇을 들인다.
- 야단쳐서 가르친다.
- 남에게 도움을 주는, 봉사하는 것을 가르친다.

단련시키는 방법

우리나라 부모님들은 아이들이 육체적으로 힘들어하는 것을 보고 못 참는다. 애처로워하고 불쌍하게 생각해서 마치 자기가 고생하는 것처럼 감정이입을 한다. 그래서 학교에서도 아이들을 단련시키는 것을 꺼린다. 하도 부모들이 잔소리하고 항의하고 신고하고 투서하고 연판장 돌리고 하기 때문에 학교에서는 교육하는 것이 굉장히 어렵다.

어렵지 않게 일상적으로 단련하는 방법과 안전하게 단련시키는 방법을 소개하겠다.

(1) 단련은 인생 학습이다

우리나라 부모들은 아이를 체험학습장에 보내놓고 계속 전화를 한다. 필자(구동조)가 운영하는 '디자인 창의력 연구원'에서 공부하는 아이들을 데리고 체험 학습 캠프에 1년에 한 번씩 간다. 2박 3일 동안 집을 떠나 있어야 하는 프로그램이다. 초등학생들인데 부모에게서 떨어져 여행하는 것이 처음인 경우가 대부분이다.

물론 만반의 안전조치를 취하고 교사들도 충분히 확보해서 여행을 하는데도 미덥지가 않아 계속해서 확인하는 부모들이 있다. 현장에 도착하자마자 아이들은 일제히 휴대전화를 끄집어내서 집에다가 도착 보고를 한다. 어떤 아이는 그때부터 울기 시작한다. 밥을 못 먹겠다고 하는 아이도 있다. 밤에 잠을 못 자는 아이도 많다.

이렇게 나약하게 키워서 나중에 어떻게 이 어려운 세상을 살아갈 것이며 난관을 만났을 때 뚫고 나갈 수 있을지 걱정스럽다. 어차피 사람은 일정한 나이가 되면 부모를 떠나게 된다. 언제나 부모가 돌봐주리라고 기대할 수는 없지 않은가?

'좀비족'이란 대기업이나 거대 조직 속에서 무사안일에 빠져 주체성 없이 로봇처럼 행동하는 사람을 의미하는 말이다. 뒷전에서는 놀고, 겉멋에 치중하고, 생각은 고루하고, 행동이 떳떳하지 못하고, 정상을 벗어난 사람이다. 아이들이 무사안일하게 편안하게 자기 힘이 아닌 부모의 힘으로 살아가려 한다면, 사회생활을 할 수 없게 된다.

(2) 정말로 단련시키고 싶은가

부모님들은 그래야 된다고 머리로는 생각할지 모르지만 마음으로는 두려워하고 있을 것이고, 또 피하고 싶은 사람도 있을 것이다.

어느 초등학교에 견학을 갔더니 체육 시간인데, 한 무리의 아이들이 그늘에 앉아 있고 일부 학생만 운동을 하고 있었다. 뜀틀 수업을 하고 있는데 달려와서는 멈칫하고 뜀틀 위에 올라앉는 아이가 많았다. 어떤 아이는 그냥 멈춰 서버리기도 했다. 나중에 교사에게 물어봤더니, 요즘 아이들 체격은 좋은데 체력도 정신력도 달리고, 거기에 기술도 미숙해서 뛰는 것조차도 제대로 못하는 아이가 많다는 것이었다.

우리는 두뇌 계발이나 공부에는 투자를 많이 하는데, 아이가 일생 동안 살아가는 데 필요한 생존력, 위기 극복 능력이나 도전 정신 같은 것을 기르는 데는 상대적으로 관심이 적다. 정말로 아이에게 이 생존력을 길러주고 싶으면 단련을 시켜야 한다는 것을 인식해야 한다. 그리고 구체적인 방법에 대해서도 생각해보아야 한다.

(3) 단련을 시키면 이런 효과가 있다

단련은 몸의 단련과 마음의 단련을 함께해야 효과가 있다. 신체적인 면만 강조하면 몸은 튼튼하지만 정신적으로 빗나갈 수 있다. 그러나 정신적으로 튼튼해도 육체가 약하면 어려움을 뚫고 나가기가 어렵다. 몸을 단련하는 과정에서 도전 정신과 인내심과 의욕과 분발하는 마음을 길러주어야 효과가 있다. 그런데 재미있는 현상은, 육체적 단련을 하면 머리도 좋아진다는 연구가 많다는 점이다.

- 무슨 일을 하건 자신감을 갖는다.
- 스스로 계획하고 해결하려는 자발성이 생긴다.
- 새로운 난관이나 문제 상황에 대해서도 도전해보려는 용기를 갖는다.
- 일하는 방법, 문제를 해결하는 방법을 터득한다.
- 실패하더라도 실망하거나 좌절하지 않고 다시 도전하거나 재기하는 힘을 얻는다.

(4) 전철이나 버스 안에서 앉힐 생각을 하지 않는다

우리나라 부모들은 유별나게 자식 사랑(편애)이 심하다. 자기 자식을 사랑하는 것은 극히 자연스럽지만 사랑하는 방식에는 문제가 많다. 남의 자식을 밀치고 따돌리고 무시해가면서까지 자식 사랑을 표현하는 경향은 아무래도 부끄러운 자화상이다.

전철이나 버스를 타보면, 엄마들이 빈자리를 찾으려고 황급히 달려가는 모습, 빈자리에 자식을 앉히려고 수고하는 모습을 볼 때 너무하다 싶을 때가 있다. 그러자니 남을 밀치고, 앉아 있는 사람 자리까지 노리고, 눈치를 주고, 자리 빌 것을 기대하면서 그 자리 앞에 턱 버티고 서서 다른 사람이 진입하는 것을 막고 있는데, 그 모습은 이기주의의 표본이다. 자기중심주의, 자기가족중심주의, 자기자식제일주의의 전형적 표현이라고 볼 수 있다.

좀 더 세련된 행동을, 품위 있는 행동을 할 수는 없을까? 언제가 되면 그렇게 될까? 프랑스나 독일, 스웨덴, 일본 등지에 여행하다 보면, 한국 사람으로서 부끄러움을 느낄 때가 많다. 한국 관광객들 중 무례하고, 질서를 파괴하고, 눈살을 찌푸리게 하는 행동을 하는 사람이 너무도 많음을 볼 때 당황스럽다. 파리의 어느 미술관에 "한국인 출입 금지"라는 팻말이 붙어 있는 것을 보고 국가적·개인적 수치심을 억누를 수가 없었다.

선진국의 대중 교통수단을 이용하다 보면, 그 나라 국민의 교양 수준을 읽을 수 있다. 그런 나라에서는 우리나라 아줌마들이 보여주는 그런 불미스러운 행동을 볼 수 없다.

만일 꼭 아이를 앉혀야 할 이유가 있으면, 주위 사람들에게 설명하고 양해를 얻는다. 우리나라에서 그런 일로 양해를 구하는 사람을 본 일이 있는가?

그래서 아예 버스나 지하철에서는 아이에게 서서 가는 훈련을 시켜두자. 이것은 일종의 균형 운동 연습이 될 수 있다. 급커브나 급브레이크가 걸렸을 때에도 버티고 서 있을 수 있는 훈련인 것이다. 다만 차창 밖으로 손을 내밀거나 잡히지 않는 손잡이를 잡으려고 깡충깡충 뛰는 일이 없도록 주의시켜야 한다.

또 우리나라 부모들은 공공장소에서 뛰어다니고 소리 지르지 못하게 훈련시키지 않기 때문에, 이런 행동으로 무법천지를 연출하는 아이가 많다. 이와 같은 공공교육, 타인을 배려하는 태도, 예의범절을 안 가르치는 나라는 선진국이 될 수 없다.

왜 우리나라 부모들은 아이들이 제멋대로 하는 행동을 제지하지 않는지 모르겠다. 자기 자식이 제일 잘나서 그런가? 제일 잘난 사람은 안하무인이어도 괜찮다는 말인가? 그런 행동을 하는 사람은 민주사회의 적이다.

자기 자식 기죽이지 않기 위해서인가? 저마다 자식 기 살려주려고 그렇게 내버려 둔다면, 전쟁밖에 기대할 것이 없다. 국회에서 여야가 멱살을 잡고 치고받고 하는 행태도 결국 기 싸움에서 안 밀리기 위해서라고 할 수 있다. 그런 국회의원을 계속 뽑는다면 국민은 세금 내고 싸움질하는 국회의원을 보는 것으로 만족해야 하는 꼴이 되고 만다. 이런 현상은 국민 모두의 책임이라고 할 수밖에 없다.

또 한 가지 다른 해석은, 우리나라 부모들이 교양이 부족하다고 말하는 입장이다. 즉, 세계가 어떻게 돌아가고 나라가 어떻게 움직이고 진정한 교육이 뭔지도 모르면서, 돈 들여서 독불장군만 키우면 된다는, 원시적이고 유치한 교육관을 지니고 있기 때문이라고 보는 입장이다. 이런

전철이나 버스 속의 흔들림은 좋은 학습이 된다

아이들은 키가 작고 몸무게가 어른의 3분의 1 정도밖에 안 되기 때문에, 차 속에서 흔들리거나 굴러도 중심이 낮아서 다칠 위험이 적다. 차의 가속, 감속, 흔들림에 맞추어 몸을 가누는 연습을 하는 것은 퍽 유리한 운동학습이 된다.

- 균형 유지를 위해 몸의 흔들림을 잘 조절하는 훈련이 될 수 있다.
- 팔다리 근육 속에 있는 정보기관에 해당하는 근방추(筋紡錘)와 건방추(腱紡錘)라는 근육섬유를 효과적으로 움직이게 해서 전신의 긴장·이완 운동을 조절할 수 있게 해준다.
- 척추에 있는 반사 조절작용과 대뇌의 운동 신경세포 간의 긴밀한 연락망을 가동하도록 해서, 운동신경의 조절 능력을 한층 높여준다.
- 특별히 헬스클럽에 안 가도 15~30분 정도의 승차 시간이면 충분한 전신운동을 하는 셈이 된다.

교육관은 좁은 바닥에서는 통할지 모르지만 넓은 지구촌 세계에서는 안 맞는다.

아이들의 몸은 유기질이 많고 탄력이 강하기 때문에, 상당한 힘이 가해지기 전에는 골절이 잘 일어나지 않는다. 연한 조직이 갖는 충격 흡수력이 어른보다 크기 때문에 다칠 염려가 적은 것이다.

그리고 흔들림과 같은 불편함을 참아내는 것도 인생을 살아가는 데 필요한 능력이다. 흔들림 속에서 신체기관의 여러 부분이 서로 견제·협조하고, 반사작용이 가세해서 다치지 않으려는 반응을 보이고, 대뇌 중추 신경계 간에 긴밀한 연락이 이루어지기 때문에 운동신경이 활발하게 움직인다. 아이들이 버스나 지하철 속에서 피로해지지 않는 범위 안에서 서서 가는 훈련을 하면, 중·고등학교에 올라가서도 등하교를 할 때 별 어려움을 못 느끼게 될 것이다. 내성이 생겼기 때문이다.

(5) 홀로 서기를 위한 심리작전

홀로 서기를 해야 성공한다. 앞으로 다가올 세상은 어머니 아버지가 자랄 때보다 훨씬 더 경쟁이 심한 세상이 될 것이 틀림없다. 전에는 어머니가 도시락 싸들고 다니면서 취직시켜주면 별 실수가 없는 한 그 직장에 붙어 있을 수 있었다. 그러나 지금은 그렇게는 안 된다. 요즘은 '시장경제'라는 원리가 우리 삶의 구석구석에 들어와 있어서, 그 틀에서 벗어나면 거기에 머물러 있을 수가 없다. 일단 어떤 조직에 들어간 이상 생산성을 내지 못하면 도태되기 때문이다.

여기서 시장경제니 생산성이니 하는 말은 무엇을 의미하는 것일까? 이전 세대가 살던 시절을 '온정의 시대'라고 한다면, 지금 우리가 사는 시대를 인정사정 볼 것 없는 '냉혹한 시대'라고 할 수 있다. 옛날에는 조금 능력이 모자라도 대인 관계가 좋거나 성품이 좋기만 하면 회사에 붙어 있을 수 있었다. 그러나 요즘은 성격에 좀 문제가 있거나 튀는 데가 있어도 능력이 있어서 회사에 뭔가 기여하는 사람이라면 도리어 그런 사람을 회사에 붙들어두는 시대가 되었다. 그러니까 회사에 수익을 올려주기만 하면 되는 것이다. 이것이 시장경제 원리다.

생산성이란 것은 또 뭔가 하면, 같은 월급 주고 같은 시간 일을 시키는데 얼마의 성과를 올리느냐 하는 것이다. 생산성이 낮으면 내보낸다. 그러니까 월급 받는 만큼 일을 못하는 사람은 안 된다는 것이다.

이런 세상에 살아가려면 창의성이니 열성이니 성실성이니 하는 것도 중요하지만, 더 중요한 것은 그런 것을 자기 혼자서 해내야 한다는 점이다. 부모, 친구, 선생님의 도움을 언제까지나 받을 수 있는 것이 아니다. 자기 머리로 생각하고 자기 체력으로 버텨야 한다.

(6) 홀로 설 수 있도록 기르는 방법

■ 명령하거나 금지하는 말을 삼간다.

뭘 가르칠 때에는 "이렇게 해", "하면 안 돼"라고 말하기보다는 "이렇게 해보면 어떨까?", "그것보다는 이게 어떨까?" 하고 말하면 아이가 일단 생각을 하게 된다. "이렇게 하면 과연 어떻게 되지?"를 생각하고 자기가 결정한 일은 스스로 책임지게 될 것이다. 일일이 부모의 명령에 따라 움직인다면 아이에게는 자발성, 책임감, 창의성 같은 것이 안 생긴다. 그러니까 무엇을 시키고 싶으면 "……하는 것이 어때?" 하고 말하는 습관을 들이기 바란다.

■ 아이가 하려는 말을 부모가 미리 앞질러서 말하지 않는다.

아이가 어떤 생각을 말하려고 할 때 엄마가 미리 "네 생각은 이런 거지?"라든가 "너, 이 말을 하려고 했지"라든가, "얘는 보통 그래요"라든가 "물어보나마나 넌 이렇게 생각하지 뭐"라는 식으로 앞질러 말하면, 아이는 아예 생각을 안 하려고 할 것이다. 부모가 아이의 생각을 멋대로 번역하거나 통역하지 말아야 한다는 뜻이다.

■ 자기 할 일, 할 수 있는 일은 아이가 스스로 할 기회를 준다.

교육의 상당한 부분은 훈련이다. 계속 반복적으로 해야 그런 행동이 몸에 밴다. 우리네 가정에서는 아이가 할 수 있는 일조차도 부모가 대신해준다. 커서도 자기 할 일, 공부, 운동, 취직, 장가가고 시집가는 것도 자기 힘으로 해결하지 못하고 부모가 주선해주어야 된다면 이런 사람이 미래에 어떻게 효과적으로 살아남을 수 있을까?

■ 한 가지 정도의 특기를 갖게 한다.

아이가 살아가며 자신감을 갖는 데 개인의 특기가 중요한 구실을 한다. 이 자신감은 자기가 뭔가 잘하는 것이 있을 때 생긴다. 그러나 모든 것을 다 잘할 수 있는 사람은 드물다. 그러니까 아이가 좋아하고 잘하는 일 한두 가지 정도를 적극적으로 지원해준다면 자신감을 가질 수 있을 것이다.

(7) 어릴 때부터 봉사를 가르치자.

■ 마음의 문을 열 줄 아는 아이로 키운다.

요즘 자녀 수가 적다 보니 오냐오냐해서 제멋대로 구는 아이가 많아졌다. 그래서 부모들 중에는 아예 손을 놓아버리는 사람도 많아졌다. 아침에 일어나는 시간도 제멋대로이고 음식 먹는 것도 제멋대로다. 심지어 유치원에 다니는 아이조차도 옷을 살 때 자기 마음에 들어야 한다. 옷 살 때 자기가 직접 골라야 된다. 어쩌다가 할머니나 고모가 옷을 사서 선물로 주어도 자기 마음에 들지 않으면 입지 않는다. 엄마가 사줘도 안 입는 경우도 있다.

이것은 전적으로 부모가 버릇을 잘못 들여서 생긴 일이다. 근본적으로 잘못된 점은, 그런 버릇이 생기기 전에 예방하지 못했다는 점이다. 그 예방이란 것은 간단하다. 이기적인 아이로 키우지 말아야 한다는 점이다.

이 세상은 처음에는 이기적으로 사는 사람이 잘 사는 것처럼 보일지 모르지만, 끝내는 인생의 실패자가 되기 쉽다. 이 세상은 얽히고설켜서 돌아가는 까닭에, 혼자서만 잘 살려고 하면 사람들에게서 외면을 당하기 때문이다. 그렇게 되면 일을 할 수 없다. 승진도 할 수 없다. 사업도 하기 어렵다.

이런 이유로는 아이가 어릴 때부터 남에게 마음의 문을 열고 그들을 받아들이는 가슴을 가진 사람으로 키우는 것이 좋을 것 같다. 열린 마음이란 다른 사람의 아픔에 동참하고 이해하고 너그럽게 받아줄 수 있는 사람을 말한다. 그런 사람이 궁극적으로 인생의 승리자가 된다.

■ 봉사하는 마음이 아름다운 마음이다.

굳이 '봉사'한다고 해서 뭐 대단한 일을 한다는 뜻이 아니다. 초등학교에 다닐 때인데, 한 친구가 점심을 잘못 먹고 음식을 토한 적이 있다. 그랬더니 김동규(지금은 오스트레일리아의 국영방송 PD)라는 친구가 쓰레받기를 들고 와서는 그 토한 내용물을 손으로 쓰레받기에 받아 처리하는 광경을 보고 감동한 적이 있다. 그가 잠시 귀국했을 때 지금도 교회에서 남에게 봉사하면서 산다는 사실을 확인하고 역시 '동규는 달라'라는 생각을 했다.

어릴 때부터 봉사할 기회를 만들어주려고는 노력하자. 아주 간단한 일부터 하는 것이다. 동생 신발 신겨주기, 엄마 설거지 도와주기, 아빠 신문 갖다 드리기, 아빠 구두 닦아드리기, 동생 이불 개주기, 집 청소하기, 동생 장난감 치워주기, 쓰레기 버리기 등 집 안에서 할 수 있는 봉사 활동부터 시킨다.

동네에서 할 수 있는 봉사에는, 집 앞 쓸기, 집 앞 쓰레기 줍기, 안 입는 옷 '옷장'에 넣기, 집 앞 눈 쓸기, 집 앞 가로등 끄기 등이 있다.

더 중요한 것은, 부모가 이런 일을 아이와 함께하는 경험이다. 아이에게 시키기만 하지 말고 아이와 함께, 아이에게 본을 보여주면서 하는 것이 교육적으로 중요하다. 그런데 이런 것을 아이에게만 시키고 어른이 안 하는 경우가 많다. 남을 깨울 때 자기는 누워 있으면서 깨울 수 없듯이, 부모는 안 하면서 아이에게만 하라고 하면 소용없다.

한 걸음 더 나아가, 요즘 같이 치열한 경쟁 체제 속에서도 어려운 생활을 하는 할머니 할아버지나 점심 굶는 아이들을 도와주는 일(점심 같이 나누어 먹기), 아빠나 엄마밖에 없는 친구들과 놀아주기, 집에 데리고 와서 함께 놀아주기, 몸이 불편한 친구 부축해주고 잡아주기, 휠체어 밀어주기, 문 열어주기, 화장실 안내해주기 등은 우리 주변에 얼마든지 기회가 있으므로 이런 식으로 어릴 때부터 남을 위해 봉사하는 태도와 습관을 길러주는 것은 가치 있는 일이다.

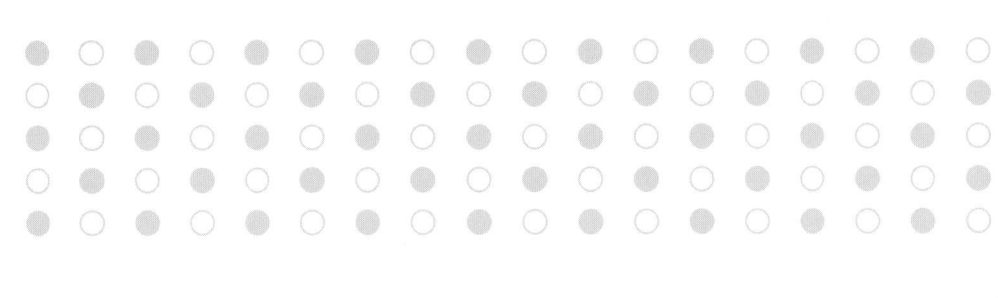

04

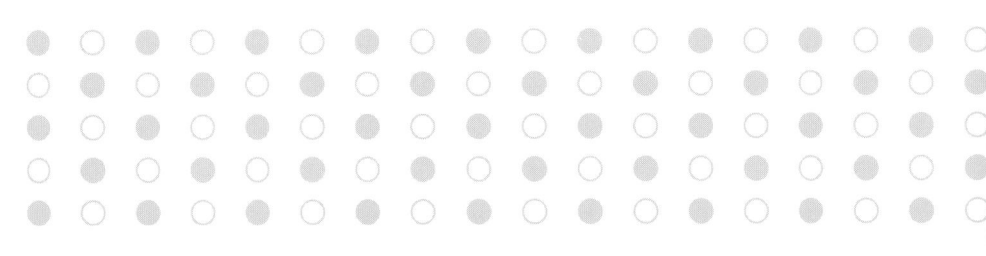

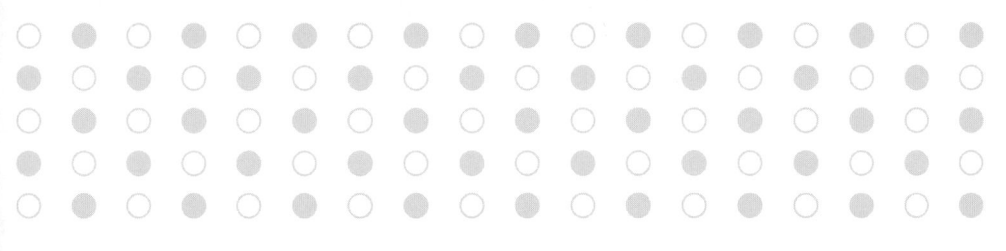

환경과 상호작용하는 행동

환경을
가르쳐라
1

온실 가스 문제는 모든 가정의 문제이기도 하다

2009년 8월 11일 인천 송도에서 '세계 환경 포럼'이라는 국제회의가 있었다. '온실 가스'에 관한 국제적 협상 문제를 다루는 모임이었다. 만일 우리가 이 온실 가스 문제를 이 시대에 해결하지 않으면 우리 후손이 재앙을 당하는 경각심을 불러일으키는 모임이었다.

온실 가스 문제가 뭐 그리 대단하다고 그러느냐고 반문할지 모르지만 당장 우리 생활의 주변에 그 폐해가 와 있다. 지금 이 원고를 쓰고 있는 2009년 8월 중에도 태평양에서 불어 닥친 태풍(모라꼿)과 집중호우로 중국, 타이완, 일본은 인적·물적 피해를 크게 입었다. 이런 태풍은 50년 만에 처음이라고 한다. 왜 이런 끔찍한 자연재해가 밀어닥쳤는가 하면, '온실 가스' 때문이다.

그러면 '온실 가스'란 무엇인가? 이것을 부모가 정확하게 알고 아이에게도 가르쳐줘야 한다.

'온실 가스'는 지구 표면을 덥게 만드는(이것을 지구 온난화라고 함) 가스라는 의미다. 온실과 같이 지구가 점점 더워지고 있단다. 이런 현상은 심각한 문제를 만들어낸다.

태양에서 내리쬐는 열이 지표면에 닿아 공기를 데우면 가벼워진 공기는 위로 올라가 대기권 밖으로 빠져나간다. 그런데 우리가 매일같이 타고 다니는 자동차에서 나오는 배기가스, 공장이나 화력발전소의 굴뚝에서 나오는 가스, 가축의 트림이나 배설물에서 나오는 메탄가스와 이산화탄소 등의 가스가 대기권에 꽉 차서 열을 밖으로 내보내지 않고 품고 있다. 이 작용으로 지구의 온도가 높아진다. 지구가 더워지니까 동시에 바닷물도 더워진다. 이것이 지구 온난화다. 그래서 여러 가지 기후변화를 가져오고 있다.

엘니뇨 현상 또는 라니냐 현상이란 것이 있는데, 태평양의 해수 온도가 0.5도 올라가면 엘니뇨, 0.5도 내려가면 라니냐라고 부른다. 이 정도의 변화에도 가뭄과 홍수가 교차되는 끔찍한 자연재해가 일어난다. 최근에 우리나라 해양연구소에서 제주도를 비롯한 근해 해저 생태계를 조사했는데, 우리나라 바다가 온대가 아니라 아열대성 생태계로 변해가고 있다는 것을 알아냈다. 놀라운 일이 아닐 수 없다. 멸치 어장도 맨 아열대성 해파리로 덮여 있어서 어장이 황폐화되고 있다고 한다.

무서운 지구 온난화 문제, 우리 가까이에 와 있다

우리가 휘발유 자동차를 많이 타고 다니고 에어컨이나 가스히터 등 냉난방 시설을 많이 가동할수록 지구는 더워지고 그 후유증을 우리 자신이 입게 된다. 예를 들어, 온실 가스 때문에 기상 변화가 일어나면 다음과 같은 결과가 발생한다.

- 생태계 변화가 온다. 동식물이 멸종하는 변화가 온다.
- 북극과 남극의 빙하가 녹아서 생태계가 파괴되어 북극곰이 사라진다. 그뿐 아니라 해수면이 올라가고, 저지대가 침수되고, 때로는 도시가 없어지기도 한다. 한 예로, 태평양의 적도 부근 아홉 개 섬으로 구성된 투발루라는 나라는 해수면이 올라가 수십 년 후에는 바다 속으로 가라앉게 된단다.
- 홍수로 인해 중국의 양쯔 강 하류 곡창지대가 침수되어 곡물 생산이 엄청나게 줄고 식량 부족 현상이 일어난다.
- 가뭄과 홍수의 순환으로 식물의 생육과 생태계에 심각한 변화를 일으켜서 생물이 못 사는 공간이 점점 더 넓어지고 있다. 그 한 예가 지구의 사막화다.
- 해수의 염분이 점점 줄어서 해류의 변화를 가져오고 있다. 이 해류의 변화는 바다 생물의 이동과 번식에 영향을 주며, 이상기후를 만든다. 엘니뇨, 라니냐 등을 들 수 있다.

이런 변화가 앞으로 닥칠 재앙이다. 이런 재앙을 그냥 보고만 있을 수 없는 것이, 이미 우리 생활 속으로 들어와 있기 때문이다. 우리는 이 문제를 어릴 때부터 아이들에게 교육해야 한다. 그리고 부모가 솔선수범해서 실천해야 한다.

그러니까 물 아끼고, 전기 아끼고, 자동차 덜 타고 다니고, 자전거를 더 많이 타고, 음식 쓰레기 덜 만들고, 냉난방도 자제해야 한다. 나무를 더 많이 심고, 천연 소재로 된 일용품을 사용해야 한다.

환경에 관한 지식을 키워라

(1) '침묵의 봄'의 가공할 예측은 강 건너 불이 아니다

미국의 해양생물학자인 레이첼 카슨(Rachel Louise Carson, 1907~1964)은 1962년에 《침묵의 봄》이라는 책을 내놓았다. 그 속에 이런 글귀가 들어 있다. 필자는 1990년대에 서울 시청 앞 고서점에서 이 책을 입수해서 읽고는 너무도 충격을 받아 여러 사람에게 돌려 읽게 했다.

봄이 와도 이제 새소리는 들리지 않는다. 과수원에는 벌, 나비도 날지 않으며, 논에서 개구리 우는 소리도 그쳐, 무거운 침묵이 온 누리를 뒤덮고 있다. 목장의 소와 말도 병들었으며, 암탉은 알을 품었으나 병아리를 까지 못하고, 마을 어린이들은 이상한 병에 걸려 시름시름 앓아누워 있다. 개울에서 가재도 잡을 수 없고, 고기들은 냇물에서 자취를 감추었다. 사과나무에 꽃은 피었어도 열매를 맺지 못하고 시들어만 간다.

이런 현상을 복합오염(複合汚染)이라고 한다.
복합오염의 예를 들면 다음과 같다.

- 🙂 물의 오염
- 🙂 공기의 오염(자동차 배기가스, 공장에서 나오는 연기)
- 🙂 오존층의 파괴(이산화탄소)
- 🙂 주택 내장재에서 나오는 오염(내장재와 페인트, 접착제)
- 🙂 지하철 등 시설물이나 건조물에서 나오는 각종 유해물질(석면, 아황산가스, 미세 먼지 등)

- 농수산물의 오염(납, 항생제, 방부제, 착색제)
- 가공식품의 오염(여러 가지 식품첨가물과 보관 및 유통 과정에 생기는 변질)
- 약품에서 오는 오염(약품의 오남용, 잘못된 처방)
- 방사성물질로 인한 오염(핵실험, 핵물질의 누출)
- 식기, 조리기구로 인한 오염(식기의 표면처리에 사용된 중금속 등)

이런 복잡한 오염 시대에 살고 있으므로 이런 오염물질들이 인체에 직간접적으로 영향을 준다. 그래서 단기적으로는 가벼운 질병과 건강 문제를 일으키지만, 장기적으로는 암을 비롯한 중금속 중독으로 중병이나 난치병을 유발하거나 사망에 이르게 한다.

부모로서 이러한 오염의 영향에 대해서는 과민할 정도로 신경을 써야 할 책임이 있다. 현대를 사는 부모는 아이에게 미칠 심각한 환경적 영향을 이해하고 있어야 하고, 가정생활과 일상생활에서 이런 문제를 예방하거나 해결하는 데 실천적인 노력을 해야 할 의무도 있다.

(2) 다음과 같은 전문 용어는 알아둬야 한다.

■ DDT

6·25 때 미군이 한국인 피난민들에게 옷 속으로 마구 뿌려주었던 파리, 모기, 이, 벼룩 등을 잡는 소독약이다. DDT는 독성이 아주 강한 살충제다. 특히 신경계의 이상을 가져올 수 있고, 효과는 느리지만 몸속에 오랫동안 축적되어 잔류 독성을 나타낸다. 그래서 한국에서도 제조

를 금지했다. 가끔 우유 속에 이 DDT가 들어 있느니 없느니 논란이 있다. 농약과 살충제에 많이 들어 있다.

■ BHC

살충제의 하나인데, DDT보다 효력이 강해서 방역과 농약으로 사용되어 왔으나 인체에 들어가면 잔류 기간이 길어서 만성 중독을 일으키기 때문에 사용이 금지되었다. 옛날에는 이 BHC 용액을 마시고 자살을 시도한 사람이 많았다. 농약과 살충제에 들어 있다.

■ 배기가스

자동차를 비롯한 공장 굴뚝에서 나오는 가스에는 유독성 물질이 많다. 대기오염의 주범으로 알려져 있다. 일산화탄소(CO), 탄화수소, 질소산화물, 아황산가스, 알데히드, 납 화합물 등 다양한 화학물질이 들어 있어서 인체에 영향을 준다. 나쁜 공기 속에 노출되면 이런 유해물질이 우리 몸에 일시적·장기적 영향을 준다.

■ 포르말린

포름 알데히드 용액, 살균제, 소독제로 쓰인다. 가구 및 가옥의 소독제로 쓰이는데, 피부와 점막에 염증일 일으키는 물질이다.

■ 납중독

배기가스 속에도 있고 각종 식기나 용기 속에도 들어 있는 납은 여러 가지 중독을 일으킨다. 로마제국이 망한 까닭은 훈족의 침공 때문이라고 알려져 있으나 실은 그들이 즐겨 쓰던 그릇이 납으로 만든 것이 많았다는 사실이 밝혀지면서 이 이론을 수정해야 할 판이다. 납중독은 얼굴이 창백해지고 잇몸이 썩고, 장내의 통증과 근육마비 등을 초래한다.

■ 중금속중독

카드뮴, 수은, 납, 크롬 등으로 인한 중독을 말하는데 식수, 공기, 가공식품, 살충제 등에 들어 있다.

■ PPM

'Parts per Million'의 약자다. 정확하게는 100만분의 1을 가리키는 수치다. 물질 속에 포함된 불순물의 양을 잴 때 사용되는 단위다. 예컨대, 공기 속의 아황산가스의 양이나 머리카락 속의 수은의 양을 측정할 때 쓴다. 이 수치가 높으면 그런 유해물질의 양이 많다는 것을 뜻한다. 오늘날 농토에 화학비료와 농약, 살충제, 살균제, 제초제 등을 많이 써서 농산물의 수확량은 늘었으나 잔류 농약이나 화학비료의 해독이 심각하다.

복합오염을 그림으로 나타내면 다음과 같다.

👆 농토의 오염 → 비 → 하천 → 바다 → 수산물 → 사람의 입
　　　　　　 → 농산물 → 사람의 입
　　　　　　 → 가축 사료 → 축산물 → 사람의 입
👆 공장 폐수 → 하천 → 바다 → 수산물 → 사람의 입
　　　　　　 → 굴뚝 연기 → 코와 입
　　　　　　 → 공산품 → 코와 입, 피부로
　　　　　　 → 산업폐기물→침출수→하천→바다→수산물→사람의입
👆 자동차 매연 → 공기 → 코와 입

이러한 과정을 거쳐서 우리의 코와 입과 피부로 들어오면, 인간에게 헤아릴 수 없는 피해를 준다. 단기적인 질병과 불편을 줄 뿐 아니라 장기적인 질병, 각종 만성병, 암, 중독 현상을 유발한다. 심지어 유전자 변이를 가져와서 인류에게 치명적인 정신적·육체적 상처를 준다. 그래서 부모가 된 사람은 이런 복합오염 문제를 심각하게 헤아려야 한다. 가족 전체의 건강, 특히 장차 이 세상의 주인이 될 우리 아이들의 장래를 위해서도 관심을 가지고 전문 지식과 대처 방법을 터득하고 있어야 한다.

이러한 복합오염을 예방하는 방법을 아는 것은 중요하다.

■ 오염원을 차단하고 예방하는 지혜가 필요하다.

■ 음식물의 경우 조리 과정에서 정화하고 줄인다.

■ 각종 발효식품을 활용한다.

■ 무공해 천연식품을 이용한다.

■ 천연 식초, 감잎 차, 효소, 배아, 엽록소, 보리 싹, 농약과 화학비료를 쓰지 않고 재배한 과일과 야채 등 유기농 재료를 사용하고, 동물성 식재의 과잉 섭취를 조절하며, 백설탕, 화학조미료 사용을 조절하는 등 음식 재료에 관심을 갖고 대응한다.

■ 깨끗한 물, 깨끗한 공기, 깨끗한 음식물의 섭취에 관심을 갖는다.

녹색 시대

이른바 '녹색시대'를 맞이하면서 이제는 집에서 아이들에게 자연생태계와 인간 삶의 관계를 어릴 때부터 가르쳐야 한다.

1) 인간도 자연의 일부라는 사실을 이해하게 한다.

- 인간도 동물의 한 종이다.

- 인간은 자연에서 먹을거리, 집, 옷의 원료를 얻는다.

- 인간도 죽으면 다른 동물과 마찬가지로 자연으로 돌아간다.

- 기후, 기온, 자연재해, 동식물의 생장·분포·멸종 등은 자연법칙에 따라 움직인다.

2) 자연이 파괴되면 인간의 삶도 파괴된다는 사실을 확실히 이해하게 한다.

- 공기오염으로 인한 인간 생명의 위협

- 수질오염으로 인한 인간 생명의 위협

- 토양오염으로 인한 인간 생명의 위협

- 지구의 사막화로 인한 피해

- 우림(雨林)의 파괴로 인한 피해

- 토목공사, 주택 공사, 시설물 공사로 인한 자연 파괴가 가져오는 피해

- 공장폐수, 축산 분뇨, 공장 굴뚝 매연으로 인한 피해

- 가정에서 나오는 쓰레기와 산업폐기물의 피해

3) 자연을 파괴하는 인간의 행동에 여러 가지가 있다는 것을 알게 한다.

- 토양을 오염시키는 각종 농약, 비료, 광물, 중금속류, 산업폐기물의 침출수

- 수질을 오염시키는 폐수, 화학물질, 중금속, 축산 분뇨

- 농산물을 오염시키는 농약, 비료, 각종 첨가제

- 수산물을 오염시키는 납, 항생제

- 토목공사를 비롯하여 각종 인공물 설치로 인한 자연 파괴

4) 식품첨가물에 대해 이해하게 한다.

- 경화제, 색소, 당질, 연화제 등 각종 화학약품

5) 인간이 건강하게 살고 행복하게 살려면 자연과 더불어 조화롭게 살아야 한다는 것을 알게 한다. 그리고 그렇게 하기 위한 지침을 세운다.

- 물자 절약, 쓰레기 줄이기, 물 아껴 쓰기, 전기 아껴 쓰기
- 쓰레기 분리수거, 식품 구매 시 내용물과 첨가물과 제조 과정에 대한 정보를 알고 구매하는 행동, 과학적 조리 방법 알기
- 인공물이나 합성 소재보다 자연 소재를 선호하는 태도
- 자동차 덜 타기, 냉방장치 덜 사용하기, 난방시설 덜 사용하기
- 나무 심기, 꽃 가꾸기

아이의 건강 상태를
점검해라
2

아이의 건강관리는 부모의 책임이다

일생을 건강하게 살고 싶은 마음은 모든 사람의 소망이다. 그러나 인생살이에는 생로병사(生老病死)의 사이클이 있어서 건강상의 문제에 당면하는 것은 누구도 피할 수 없다.

그러므로 건강하게 살도록 최대한 노력해야 하는데, 건강관리 전문가들의 공통된 견해는 건강하지 못한 것은 80~90퍼센트 정도는 습관 탓이라는 것이다. 건강하게 사는 것은 1차적으로는 유전적이거나 선천적인 요인도 있겠지만, 2차적으로는 후천적인 환경이나 교육, 생활습관이 결정한다.

아이들의 건강을 돌보아야 할 1차적 책임이 물론 부모에게 있지만 책임감만 가지고는 안 되고, 부모는 다음과 같은 점을 명심하고 지켜야 한다.

(1) 아이 하나하나의 건강 상태를 늘 점검한다.

일상적으로 눈으로 살필 수 있는 내용으로는, 체중, 키, 식욕, 눈빛, 활기, 혈색, 배설 등이 있다. 말하자면 의료에서 쓰는 찰진(察診)을 하는 것이다. 아이의 수도 몇 안 되는 요즘 가정에서는 그리 힘든 일이 아니다.

(2) 정기적으로 검진을 받고, 예방주사를 반드시 맞힌다.

이것은 아이가 젖먹이일 때에는 잘하는데 초등학교에 들어간 후에는 부모의 관심이 뜸해지기 쉽다. 건강하다는 것은 단순히 질병이 없는 상태가 아니고, 뭔가 일을 하려고 할 때 몸이 뜻대로 따라줄 수 있는 상태가 되어 있는 것이다. 건강하다는 것은 다른 사람들과 더불어 잘 어울려 지낼 수 있어야 하고, 또 정서적으로도 건전한 상태가 되어있어야 한다. 그러니까 건강은 신체적으로, 사회적으로, 정서적으로도 건강한 것을 말하므로 단순히 병을 예방하는 데만 애써서는 안 된다.

(3) 몸에 관한 지식, 건강 지식, 음식에 관한 지식, 환경에 대한 정확한 지식을 갖도록 노력한다.

우리나라는 고등교육 수준(학력)은 세계에서 으뜸인데, 실용적 지식은 미국이나 유럽 사람에 비해서 훨씬 떨어진다. 일본인에 비해서도 많이 떨어진다. 왜냐하면 우리는 교육이란 것을 시험 준비용으로 생각하지 생활을 풍요롭게 하는 공부로 여기지 않기 때문이다.

우리는 알기는 많이 아는데 실행은 잘 안 한다. 아는 지식을 잘 써먹지도 않는다. 왜냐하면 그렇게 공부를 안 했기 때문이다. 그래서 몸에 관한 지식은 있는데 실제로 건강관리에는 그 지식을 써먹지 않는다.

반면에 뭘 많이 알고는 있는데 잘못된 정보를 가지고 있는 경우가 있다. 예컨대, 여러 가지 면에서 세계 제일의 선진국이요, 과학을 숭상하는 나라인 미국에 비만이 제일 많은 까닭은 잘못된 정보와 잘못된 습관 탓이라고 할 수 있다.

지식과 정보는 정확한 것을 가지고 있어야 한다. 왜곡된 정보가 우리 주변에 너무도 많으므로 그것들을 감별할 수 있는 안목을 지녀야 한다. 그렇게 하려면 부모는 신문이나 잡지에 실린 글, 방송에서 하는 말을 유심히 읽고 들어서 그것을 실천해야 한다. 물론 그렇다고 과잉 반응을 할 필요는 없다.

비타민 C가 아무리 중요하고 필요해도 과잉 섭취 하면 해가 되고, 시금치가 아무리 좋은 식품이라도 과잉 섭취 하면 병이 생긴다.

(4) 올바른 자세를 갖는다.

습관 중에서 제일 중요한 것은 자세다. 학교에서 공부를 못하는 아이들을 보면 자세가 삐딱한 아이가 많다. 자세가 나쁜 아이는 계속해서 같은 자세를 유지하기 어렵다. 자세를 자꾸 바꾼다. 왜냐하면 공부하기 싫기 때문이다. 그러니 공부가 제대로 되겠는가?

자세가 나쁘면 피로를 촉진한다. 몸을 비비 꼰다거나 엎드린다거나 옆으로 비튼다거나 하는 자세 자체가 학습에 지장을 준다.

부모가 아이의 자세에 대해 걱정은 하는데, 사실은 대단히 중요한 문제다. 자세가 삐뚤어져 있으면 몸이 제 기능을 다하지 못하기 때문에 금방 피로해진다. 그러니 성적이 올라갈 수가 없다. 집중력도 안 생기고 의욕도 안 생긴다.

좋은 자세를 결정하는 것은 복근력과 배근력이다. 배와 내장을 지탱해주는 배의 근육에 힘이 있어야 자세를 버틸 수 있다. 그러니까 아이들한테 윗몸 일으키기 같은 운동을 하게 하는 것이 좋다. 자세가 나쁘면 몸의 균형이 깨져서 금세 피곤하고 다른 부위에 통증을 느끼게 된다.

자세가 나쁘면, 체온이 떨어지고 근육이 긴장되고 근육 내의 혈류량이 감소하고 폐의 압박으로 인해 산소 공급 부족을 초래해서 능률이 떨어진다. 그래서 자세가 나쁜 아이는 복근과 배근을 훈련시키는 것이 좋다.

(5) 특히 건강 습관을 잘 들인다.

아침에 일어나고 밤에 잠자리에 드는 시간을 지키는 습관, 편식하지 않고 잘 먹는 습관, 과식하지 않는 습관, 환경을 깨끗하게 유지하는 습관, 손을 깨끗하게 씻는 습관 등을 잘 지키게 한다. 그리고 부모도 솔선해서 이런 규칙을 잘 지키는 것이 중요하다.

(6) 잠자는 모양과 수면 시간을 살핀다.

"잘 자는 아이는 잘 자란다"라는 속담이 있다. 아이들이 대체로 전날 잠을 어떻게 잤느냐에 따라 이튿날 몸의 컨디션이 정해지고, 활기 있게 생활할 수 있느냐, 공부에 능률이 오르느냐가 결정된다. 요즘 중·고등학생들은 밤늦게까지 학원에서 살다시피 하다 보니까 이튿날 학교에 와서는 조는 아이가 많다. 어쩔 도리가 없는 일이다. 왜냐하면 아이들은 보통 7~8시간 정도 자야 하는데 수면 시간이 절대적으로 부족하니까 학교에 와서 조는 것이다. 그럴 바에야 차라리 학교에서 충실히 공부하고 학원에 안 가는 것이 더 좋을지도 모른다. 우리나라 청소년의 수면 시간이 OECD 국가 청소년 평균 시간보다 1시간이 짧다. 미국이 8시간 37분, 영국이 8시간 36분인데, 한국 청소년은 7시간 30분을 잔다. 미국 수면협회 권장 시간은 9시간이다.

일반적으로 요즘 아이들은 수면 시간이 부족한 편이다. 밤늦게까지 텔레비전, 인터넷, 문자 메시지 등에 매달리다 보니 잠이 모자란다. 그래서 학습에만 문제가 생기는 것이 아니라 활동, 사고, 감정 조절에도 문제가 생긴다. 짜증을 잘 내고, 의욕이 없어지고, 안절부절못하며, 안정감이 없어지고, 식욕도 떨어지고, 쉽게 피로를 느낀다.

그래서 부모는 아이의 잠자는 모양, 잠자는 시간 등을 주의해서 살펴야 한다. 그리고 그로 인해 생기는 건강상의 문제뿐 아니라 정신적인 문제에도 주목해야 한다.

(7) 정신적인 문제로 신체 증상이 나타나지 않는지 살핀다.

일본말로는 병을 병기(病氣)라고 한다. 그 이유는 병은 기(氣), 즉 마음에서 비롯됨을 뜻하는 것이다. 모인병(母因病)이란 말이 있다. 아이들의 병이 다른 외부적 조건이 아니라 바로 엄마로 말미암아 생겼다는 것이다. 피부병, 천식, 대장증후군, 소화불량과 같은 신체적 병도 따지고 보면 70~80퍼센트가 엄마와의 관계에서 발생한다고 발표한 소아과전문의도 있다.

그뿐 아니라 틱장애, 손톱 물어뜯기, 손가락 빨기, 학습부진, 거짓말, 사회부적응, 폭력 등과 같은 정신적인 증후군도 엄마로 말미암아 생기는 경우가 많다는 것이다. 그러므로 아이들의 정신건강도 잘 살펴보아야 한다. 이런 것을 정신신체증이라고 한다.

정신신체증은 원인은 정신적인 것인데 결과가 신체 증상으로 나타나는 것이다. 특히 이런 증후군은 아이들의 장래에 중요한 영향을 끼친다. 그래서 공부보다도 이런 아이들의 정신적 문제에 늘 신경을 써야 한다는 점을 기억해야 한다.

지나친 스트레스를 주지 말아야 한다

(1) 유치원 다니는 아이도 자살하는 시대가 되었다.

1990년대에 충격적인 뉴스가 언론에 발표된 적이 있는데, 유치원에 다니는 꼬마가 엄마에게 야단맞았다고 농약을 마시고 자살한 사건이다. 어린아이가 자살하는 일은 극히 드문데, 지금은 나이의 하한선이 자꾸 내려가고 있다. 어린아이의 경우 거의 충동적으로 자살한다. 인생이고 고민이고 갈등이고 생각할 만한 능력이 아직 없다. 엄마한테 야단맞고 나니 억울한 생각이 들었을 것이다. 농가에는 농약병이 여기저기 굴러다니고 어른들이 "그것 위험하니 만지지 마"라든가, "그것 먹으면 죽어" 하는 말을 들었을 것이다. 그러니 어른이 안 볼 때 충동적으로 마신 것이리라.

소아과나 소아정신과 의사들 이야기를 들어보면, 요즘 병원에 찾아오는 아이들 중 가장 많은 비중을 차지하는 사례가 학습 부담 스트레스로 인한 증후군이라고 한다. 공부 스트레스와 성적 스트레스로 인한 식욕 부진, 피부소양증, 아토피성 피부병, 변비와 설사를 번갈아 하는 대장증후군, 안구건조증, 거기에 불안증, 강박증 등의 증세가 겹쳐 병원을 찾는다고 한다.

전문의가 진단을 해보면, 그 원인 제공자가 주로 어머니라고 한다. 일본의 저명한 한 소아과 의사가 밝힌 바에 따르면, 각종 어린이의 심신증과 정신 증세는 주로 어머니와의 관계에서 유래한다고 한다. 그래서 이런 현상을 모인병이라고 명명했다. 어머니로 인해 스트레스를 받고 그 스트레스로 인해 심신증(心身症)이 생겨난 것이다. 물론 그런 문제를 전적으로 어머니에게만 덮어씌우는 것은 잘못된 인식이라고 생각할 수 있다. 그러나 소아정신과에 오는 아이들을 심층 조사해보면, 그럴 개연성이 많다.

그런데 부모가 아이들의 정신 건강 문제에 좀 더 신경을 써주면, 아이들에게 스트레스를 덜 주고도 아이의 성장을 원활하게 도울 수 있다. 연세대학교 이성호 교수의 조사에 따르면, 아이들이 스트레스를 제일 많이 받는 부모의 말은 다음과 같다.

> 👁 "공부나 해. 공부!"
> 👁 "널 괜히 낳았어."
> 👁 "공부만 잘해봐라."
> 👁 "엄마 아빠 시키는 대로만 해."
> 👁 "몇 개 틀렸니?"
> 👁 "몇 등 했니?"

스트레스가 심하면 신체 이상을 유발한다

(1) 몸과 마음은 하나

흔히 '몸이 튼튼해야 마음도 건강하지'라든가, '마음이 바로 서야 몸도 건강하지' 라는 말을 한다. 몸이 아프면 마음도 제대로 일을 못한다.

머리가 아프면 짜증도 나고 주의 집중도 잘 안 되고, 공부를 해도 머리에 잘 안 들어온다. 또 마음이 불편하면 식욕도 떨어지고, 일에 대한 의욕과 기운도 떨어지며, 병도 생기기 쉽다.

서양의 과학주의를 받아들이면서 몸 따로 마음 따로 떼어서 생각하는 버릇이 생겼는데, 이것은 아주 잘못된 생각이다.

아이들의 몸 상태는 마음속 깊이 영향을 준다. 아이들이 그린 그림을 보면 그 속에는 단순히 아이의 그림 재능만 나타나는 것이 아니고, 아이의 건강 상태, 심리 상태가 다 나타나는 것을 볼 수 있다. 아이들이 '성적을 올려야 되는데' 하며 정신적 스트레스를 많이 받으면 불안신경증이 생기는데, 신경증적 경향을 갖는 예는 주변에서 흔히 볼 수 있다. 따라서 아이들의 건강상에 문제가 생기면 그 문제가 혹시 정신적인 문제나 정서적인 문제 때문은 아닌지 한번 생각해볼 필요가 있다.

아이들의 몸에 이상이 있으면, 몸의 어떤 부분이 잘 안 움직이는지, 식생활 습관이 왜곡되어 있지는 않은지를 따져본다. 더 나아가 정서의 불안정, 즐겁지 않은 학교생활, 친구 관계의 틀어짐, 부모에게서 느끼는 소외감, 따돌림 등 마음의 이상 상태가 몸의 이상을 가져올 수 있다는 점도 참고한다.

(2) 어떤 것들이 관련성이 많은가

여기서는 아이들이 받는 정신적 스트레스에 대해서만 생각해보기로 한다. 앞에서 아이들의 그림 이야기를 했는데, 그림을 보면 전에는 그렇지 않았는데 어느 날 갑자기 녹색이나 연두색이 계속 나타난다든지, 어느 때부터인지는 몰라도 그림에 나타난 색채가 전체적으로 녹색이나 연두색, 혹은 보라색으로 계속 칠해졌다면, 아이의 몸 어딘가에 이상이 있다는 것을 말해주는 것이다. 특히 연두색이 전체 화면을 계속 지배한다면 그것은 정신적 스트레스를 받고 있음을 뜻한다.

과외 공부에 너무 부담을 느껴 그렇게 반응하는 수도 있고, 가기 싫은 학원을 몇 개씩이나 다니면 연두색이나 녹색 화면이 계속 나타나기도 한다. 또 학교 친구들 사이에서 관계가 악화되어 학교 가는 것이 재미가 없으면 연한 보라색 화면이 나타나기도 한다. 이렇듯 그림에서도 아이들의 스트레스를 읽을 수 있다.

초등학교 아이들은 보통 아주 조그만 일로도 불안해하고, 자주 가슴 두근거림을 느끼거나 식은땀을 흘리기도 한다. 어떤 때에는 먹은 음식에 이상이 없는데도 토하기도 하고 어지럼증을 느끼기도 한다. 그리고 이사를 간다든지, 학교를 옮긴다든지, 수술을 받았다든지, 부모님 중 누가 병환 중에 있다든지, 부모가 크게 싸웠다거나 헤어질 위험이 있다거나 이혼을 했을 때, 또는 가족 중에 누가 사고를 당했다거나 하면, 정신적 스트레스가 아주 높아진다. 그리고 그런 높은 스트레스가 한동안 계속되면 복통을 일으키기도 하고, 두통이 오래 계속되기도 한다. 어떤 아이는 그런 긴장 상태가 오래 계속되어 이것이 틱(tic)이라는 습관성 경련으로 발전하기도 한다.

또 어떤 아이는 스트레스를 못 이겨 야뇨증을 보이기도 하고, 식욕을 잃기도 한다. 그런데 최근에는 이런 증상들이 한층 진척되어서 신경성 위염이나 위궤양과 같은 성인병 증상을 보이는 아이들이 늘고 있단다. 이와 같은 예는 중학생의 경우는 보통 시험 불안이나 긴장에서 오는 예가 많으나, 초등학교 어린이의 경우는 학원에 많이 다니는 아이들 사이에서 주로 나타난다. 학교에서 힘센 친구나 상급생의 폭력을 두려워하거나, 단지 그들이 싫어서 스트레스성 신체 이상을 보이기도 한다.

어떤 아이가 몹시 숨이 차서(천식) 병원에 왔는데, 자세히 조사해보니 엄마가 성적에 지나친 관심을 보였고 성적이 나쁘면 심하게 욕하고 강압적으로 공부를 시킨다는 것을 알게 되었다. 그래서 이것이 천식 증세로 발전한 경우를 본 적이 있다.

부모가 프로라면 좋겠다

- 한국은 1980년대까지 세계에서 이혼율이 제일 낮은 나라였다.
  그래서 가정이 안정되어 있었다. 그런데 지금은 OECD 국가 중 이혼율 증가 속도가 제일 높은 나라가 되었다.
- 가구당 자녀 수는 2009년 현재 1.19명이다. OECD 국가 중 제일 낮다.
- 결혼연령이 매우 높다. 20대 후반에서 30대 초반으로 상향되었다.
- 가임 여성의 60~70퍼센트는 직장에 다니고 있다.
- 육아를 위한 여러 가지 사회적 인프라(보장제도)가 미비하다.

이러한 조건 때문에 우리네 가정이 매우 불안정한 가정이 되어버렸다. 그러면 그런 환경 속에서 나서 자라고 교육받고 있는 우리 아이들은 과연 어떤 문제를 안고 있을까?

첫째, 우리 아이들이 안정된 환경에서 자라고 교육받고 있지 못하다는 것을 말한다. 그래서 우리의 가정교육이 방향감각을 잃고 혼란에 빠져 있다. 유일한 돌파구가 대입 준비다. 그래서 조기학습 붐이 일고 있는 것이다.

둘째, 아이들은 일찍부터 학습 노동자로 전락했다. '공부'가 즐기면서 하는 학습 과정이 아니라 '마지못해 하는 일'이 되고 있다. 선행 학습 붐으로 18개월짜리한테도 영어를 가르친다. 어쩌자는 것인가?

셋째, 부모는 인성 교육, 문화 교육, 창의성 교육 따위는 내팽개치고 기억에 의존하는 교과 학습에만 매달린다. 그래서 아이들은 기초 능력은 도외시하고 시험 대비 위주의 일시적·편의적 학습을 한다.

넷째, 부모는 돈으로 모든 학습 과정을 산다. 그래서 사교육비가 국가 공교육비와 맞먹는 수준에 이르렀다. 부모 자신은 여기서 중재자 역할, 소개자 역할, 안내자 역할만 하지 개입해서 아이들을 직접 도와주는 일은 하지 않는다. 특히 아버지는 이 경우 국외자(局外者)다. 발언권이 별로 없다.

그래서 여기서는 매일 24시간 중 적어도 반을 함께 보내는 가정에서 부모가 부모로서의 일을 제대로 하는 문제를 다루어 보려고 한다. 비용도 아끼고, 아이들도 훨씬 좋아하고, 가정도 화목해지고, 가족원이 행복을 느낄 수 있게 하는 부모의 '전문적 기술'을 다루려고 한다. 부모도 프로여야 한다. 책임지려고 아이를 낳은 것이 아닌가? 그러니 부모는 자녀 양육과 교육의 프로여야 한다. 아마추어여서는 안 된다. 왜냐하면 아이가 적어도 18년 동안은 가정에서 부모에게서 영향을 받으며 성장하기 때문이다. 그 긴 세월 동안 부모는 아이들에게 알게 모르게 심대한 영향을 미치고 있다는 것을 마음에 새기고 일상적인 삶을 살기바란다.

이 책은 부모님들에게 스트레스를 주거나 부모의 짐을 무겁게 하려는 의도로 쓴 것이 아니다. 그 짐을 더 가볍게 해주고 싶은 것이다. 그런 점을 이해하고 책을 읽어주기 바란다.

아이의 식습관을
관리해라

3

할머니의 떡국 이야기

어머니와 할머니가 해주신 미역국과 떡국 맛 때문에 주방장이 된 사람의 이야기를 하겠다. 미국 LA에 있는 '프렌치 론드리'라는 식당의 주방장이 된 한국계 미국인 코리 리라는 사람에 관한 이야기가 신문에 난 적이 있다. 그는 어릴 때 생일날 어머니가 차려주셨던 미역국과 설날에 할머니가 끓여주셨던 떡국 맛을 일생 동안 잊을 수가 없었다고 한다. 그래서 음식 연구를 해서 레스토랑 평가서인 미슐랭 가이드에서 최고점을 받은 레스토랑을 만들었단다.

음식 맛에 대한 기호는 일생동안 가는 것이다. 인간의 후각은 태어나면서 발달하기 시작해서 비교적 빨리 굳어진다. 새끼 돼지는 태어나서 제일 먼저 빨게 된 젖꼭지를 계속 빤다. 실험적으로 새끼 돼지가 눈을 뜨기 전에 일정한 젖꼭지를 빨게 한 다음에 다른 젖꼭지를 물리면 그 젖꼭지를 빨지 않고 처음에 빨기 시작한 젖꼭지만 빤다는 사실을 발견했다. 이 정도로 미각은 일찍 정착한다. 그리고 그것은 일생 동안 지속되는 경향이 있다. 마찬가지로 어릴 때 들인 입맛은 오래간다는 것을 기억할 필요가 있다.

입맛이란 것은 일생을 간다. 필자 가운데 한 사람이 결혼을 해서 아내를 맞이했을 때 겪은 일이다. 도무지 음식 간이 안 맞아서 한동안 티격태격했다고 한다. 왜냐하면 아내는 평양에서 온 사람이고, 남편은 경북 사람이었던 것이다. 그래서 시어머니가 음식에 간이 없다고 자주 나무라셨다. 그런데 그게 쉽사리 개선되지 못해서 결국 결혼 후 몇 달 만에 부모와 따로 살게 되었다. 그런데 그 입맛이라는 것이 엄청나게 강력한 힘을 가지고 있어서 부부가 마흔이 넘어서야 겨우 입맛을 맞추게 되었다고 한다.

아이들이 어릴 때 어머니가 어떤 음식을 해 먹였는가로 아이의 평생 건강이 좌우된다. 예를 들면, 전라남도와 경상남도에서는 해산물, 그중에서도 짠 젓갈류를 많이 먹는다. 그래서 소금기를 많이 섭취하게 된다. 그런 이유로 이 지방 사람들에게 고혈압이 많다.

요즘에는 양은 그릇을 잘 안 쓰게 되었다. 그 대신 법랑 코팅을 한 그릇을 쓴다. 그 이유는 양은의 성분이 몸속에 들어가서 뇌로 올라가면, 알츠하이머병 같은 질환을 일으킬 가능성이 크다는 이유 때문이다. 이렇듯 부모, 특히 어머니(주부)는 자기 자신과 가족의 건강을 지키려면 식기류까지도 유심히 챙기는 지혜가 필요하다.

음식에 대한 기호는 평생을 간다. 결혼해서 잠시 동안 배우자와의 조정 기간이 끝나면 다시 어렸을 때 먹었던 음식으로 회귀한다. 시원한 무국, 고소한 콩나물무침, 구수한 배추적(부침개), 맛깔스러운 각종 젓갈

등은 도저히 버릴 수 없는 맛이다. 혀에 박힌 맛의 프로그램은 수정하기가 곤란하다.

어릴 적에 만들어진 음식 기호는 거의 전적으로 어머니의 솜씨와 관계가 있다. 그런 만큼 음식에 대한 지식과 음식 재료에 대한 지식, 조리에 대한 지식은 가족원들의 일생의 식습관과 건강에 영향을 준다.

몸과 음식간의 인과관계를 알아야 한다

독일의 철학자 포이어바흐(Paul Johann Anselm Feuerbach, 1775~1833)가 이렇게 말했다. "그가 무엇을 먹고 살고 있느냐로 그의 사상이 결정된다." 즉, 푸성귀나 먹고 된장과 김치만 먹고 산다면 그는 사회주의자가 되고, 육류 스테이크에 달팽이 전채를 먹고 산다면 그는 자본주의자요 보수주의자요 우파가 된다'는 것이다. 이것은 재미있는 이야기인데, 식품 문제는 그런 사회적 견해보다는 과학적 근거로 생각해보아야 한다.

그 집안의 식습관과 가족력을 보면 인과관계가 있다는 것을 주변의 사례에서 찾아볼 수 있다. 육류를 좋아하고, 특히 삼겹살 구워 먹기를 좋아하는 집안에서는 형제들이 모두 고혈압을 앓는 사례가 있다. 먹을 때에는 탐스럽게 먹는데, 체지방이 늘고 검사 결과 고지혈증으로 밝혀졌다. 따라서 혈압에 조심하라는 경고를 받는 것이다.

반면에 채식을 주로 권장하고 지키는 집에서는 모두 혈색이 맑고 체격도 아담하고 건강해 보인다. 그러나 그렇게 기운 차 보이지는 않는다. 성격이 온화하고 부드럽다. 늘 미소 짓고 산다.

이렇듯 즐겨 섭취하는 음식이 사람의 건강과 행동, 심지어 성격에까지 영향을 주므로, 부모는 가족의 건강을 위해 이런 문제에 대한 정보를 가지고 있어야 한다.

칼로리가 지나치게 높은 음식을 많이 먹으면 비만에 시달린다. 칼로리란 1그램의 물을 1도 올리는 데 필요한 열량을 말한다. 그러니까 성인이 하루 필요 열량을 재는 방법에는 여러 가지가 있으나 만일 체중이 **60kg** 정도라면 **1800kcal**가 필요하다. 한국인은 **2000kcal** 이상 섭취하는 사람이 많다. 그래서 비만이 늘고, 청소년 비만은 이제는 정부가 걱정해야 할 정도로 심각해지고 있다.

그런데 우리가 먹는 음식에는 지방·탄수화물·단백질이 절대적으로 많은 반면, 미네랄·칼슘·비타민 등은 부족한 편이다. 에너지로 환원되는 성분만 주로 섭취한다. 이런 음식을 너무 많이 먹으면 활동에 쓰고 남는 에너지가 생기고, 몸에 축적되어 체지방으로 바뀐다. 그러니까 덜 먹거나 많이 소비해야 한다. 칼로리 값으로 따지면, 지방>탄수화물>단백질의 순서니까, 이 점을 고려해서 섭취해야 한다.

어린아이들의 비만은 대부분 부모에게 책임이 있다. 비만의 문제점을 언급하는 것은 생략하더라도 그 피해는 매우 크다. 어릴 때부터 음식과 식품에 대한 정확한 정보와 지식을 가지고 식생활을 고쳐나가야 한다. 콜라 같은 청량음료 속에 상당한 양의 설탕이 들어 있다는 것은 상식에 속한다. 그것이 에너지원이어서 에너지 소모가 적으면 모두 체지방으로 바뀐다. 이 체지방을 줄이는 방법이 그리 만만치 않아서 여러 가지 방법이 소개되고 있으나 효과에는 특별한 답이 없는 실정이다.

우리나라만 해도 아이들의 비만 문제는 심각할 정도다. 대도시 초등학교 어린이의 15퍼센트 정도가 준비만아다. 비만 클리닉을 운영하는 학교도 있지만, 어린아이들의 경우 성인보다 더 조절하기 어렵다는 점이 문제다.

비만이 되면 다음과 같은 후유증을 겪는다.

- 불편한 몸의 움직임 : 움직이기 싫음
- 식욕 조절의 어려움 : 언제나 배가 고픔
- 친구들과의 단체 활동에 지장 : 소외감, 따돌림
- 옷, 신발 등 일용품 구입 곤란 : 맞춤으로 해야 하기 때문에 돈이 더 듦
- 다른 사람들의 손가락질과 수군거림 : 소외감, 수치심
- 학습 능률 저하 : 성적 안 좋음
- 다른 병발증 발생 우려 : 당뇨, 고혈압, 고지혈증, 심장 장애 등

편식이라는 고질적 습관은 식단 연구로 고쳐야 한다

편식은 요즘 아이들에게는 일반적 현상이 되었다. 옛날 먹을 것이 귀할 때는 아무거나 먹을 것이 있으면 가릴 것이 없었다. 밀기울(밀가루 빼고 남은 밀의 겉껍질), 보리떡, 소나무 껍질, 술지게미(술을 거르고 남은 찌꺼기), 온갖 식용 풀과 나물, 감자, 고구마, 율무, 돼지감자(마), 곤충(메뚜기, 땅강아지, 여치) 등 가릴 것이 없었다.

요즘 편식이 문제가 되는 것은 지방, 당분, 염분, 트랜스지방, 단백질 등을 과다하게 섭취하는 데에서 오는 문제와 비타민, 식이섬유, 미네랄 등의 부족 현상 때문이다. 확실히 이런 과다 섭취와 부족 현상은 신체에 이상 변조를 가져온다. 그래서 그것이 단기적 신체 변조나 장기적 질병과 이상 상태를 만드는 것이다.

특히 근래에는 인스턴트식품 과다 섭취로 편식하는 경향이 더 심해졌다. 그런데 그런 인스턴트식품에는 각종 식품첨가물이 들어 있다. 그런 첨가물을 계속 많이 섭취하면 신체 건강에만 영향을 주는 것이 아니라 뇌의 활동에도 영향을 준다. 식품첨가물에는 트랜스지방, 인공감미료, 색소, 유화제, 향료, 소금, 경화제, 착색료, 보존료, 표백제, 산화방지제, 발색제, 팽창제, 강화제, 호료(糊料), 산미료, 살균제 등 약 250종이 있다.

이런 첨가물에 대해 전문 지식이 있어야 한다. 그래서 가공식품의 경우 내용물에 대한 설명을 잘 읽고 구매해서 먹어야 한다. 그렇지 않고 소비자로서 권리를 포기하면 가족의 건강을 보장할 수 없다. 그런 첨가물 중에는 발암성 물질도 있고, 멜라민처럼 신장을 망가뜨리는 성분도 있다.

식욕부진과 지나치게 마르는 아이

비만과는 반대로 식욕부진으로 체중이 평균에 미달하거나 심하게 저체중인 아이가 생기기도 하는데, 이것도 먹는 문제이므로 해결해주어야 한다. 여러 가지 원인이 있지만, 실제로는 원인 불명이 더 많다.

어떤 경우에는 병이 아닌데도 몸무게가 안 나가는 아이가 있다. 체질적으로 그렇다는 것이다. 소화는 잘되는 편이지만 장에서 영양분을 흡수하는 힘이 부족해서 오는 현상이다. 흡수가 되어도 단백질 동화작용이 잘 안 되어서 그것이 몸의 일부가 안 되기 때문이기도 하다. 밥을 통안 먹는 아이를 방치해두어서는 안 된다. 건강상, 두뇌 활동상 중대한 문제가 될 수도 있기 때문이다. 심하면 거식증으로 발전하는 경우도 있다. 비만이 될까 봐 겁이 나서 정신적으로 병적 상태가 된 것이다.

우리나라 중·고등학생의 약 30퍼센트가 아침밥을 안 먹고 등교한다. 원인은 대부분 늦잠인데, 알고 보니 지난밤 늦게까지 학원 공부, 과외 공부를 하느라고 늦게 자서 그렇다는 것이다. 그러니까 늦은 밤공부가 아침밥을 거르는 중요한 원인이 되는 것이다. 그뿐 아니라 늦게까지 컴퓨터게임, 인터넷, 텔레비전 등에 매달리다 보면 늦잠을 자게 된다.

또 현대의 문화적 생활양식이 밤늦게까지 사람들이 일어나 있게 하는 조건들로 이루어져 있다. 영업소, 가게, 카페, 음식점, 편의점 등은 24시간 개점이다. 그러니 사람들의 생활 패턴이 달라진 것이다. 식빵 한 조각에 잼 발라서 먹고 등교하고, 점심때도 햄버거의 고기류만 먹고 빵은 남기고, 저녁 식사도 가족이 함께 먹는 예가 적으니까 식욕이 자연히 줄어든다.

인스턴트식품의 보급이 주부의 조리 의욕을 상실하게 만들었고, 학교 급식이 보급되면서 도시락을 준비하지 않아도 된다. 가사 노동에서 해방되고, 자유 시간을 확보하는 것이 주요한 과제가 되면서 집 안에 부엌칼이 없는 집도 있다. 모든 음식 재료는 팩에 든 것을 가위로 잘라 전자레인지에 넣어서 데우기만 하면 되니까. 어쩌다 한두 번 요리를 해봐야 외식할 때와는 비교도 안 될 만큼 맛이 없으니까 자연히 집에서 마련하는 음식을 좋아하지 않게 된다.

식사 시간만 해도 그렇다. 가족이 함께 식사할 때에는 텔레비전 같은 것은 안 보는 것이 좋다. 식사하면서 텔레비전을 계속 보면 대화도 없이 꾸역꾸역 밥만 먹는 분위기로 변한다.

비만에 대한 지나친 위협 분위기 때문에 식욕에 대한 공포심이 식욕을 줄이는 구실을 한다. 또 주부의 요리 기피 현상도 한몫하고 있으며, 아이들에 대한 과잉 학습 스트레스, 불규칙한 생활 스케줄, 밤늦게까지 하는 학원 수업 등이 식욕을 줄인다. 그래서 여학생들에게는 영양부족으로 인한 월경불순을 초래하기도 하고, 전반적인 체력 저하로 인한 지구력 저하, 면역력 저하를 초래한다.

간식

간식이 아이들의 건강에 커다란 영향을 준다. 아이들은 하루 종일 입에 먹을 것을 달고 다녀야 될 만큼 식욕이 좋다. 아이들은 식사 후에도 금세 공복감에 빠진다. 그 이유는, 이 시기가 성장기여서 영양분은 성장 영양분과 활동 에너지로도 필요하다. 그런데 성장 영양분에 소비되고 활동 에너지로 쓰기에는 위의 용량이 작다. 위의 크기가 필요한 영양분을 공급할 만큼 크지 않은 것이다. 그래서 계속 배가 고프고 간식을 필요로 한다.

유치원 등에서는 간식으로 우유와 쿠키, 우유와 감자·고구마·빵 등을 준다. 그런데 학교에서는 간식까지는 아직 못 주는 형편이므로, 아이들이 학교 주변의 노점상이나 구내매점, 집 가까이에 있는 빵집 등에서 간식을 사 먹는다. 간식의 내용을 보면, 떡볶이·어묵꼬치·닭꼬치·붕어빵·호떡·핫도그 등이다. 그런 식품은 원료의 품질과 안전성, 조리 과정의 위생, 식재의 관리 등 여러 면에서 문제가 있다.

간식에서 염려되는 문제를 살펴보면 다음과 같다.

■ 원료의 안전성에 대한 우려

음식 재료 속에 무엇이 들어있느냐는 문제는 좀 심각하다. 발암성 물질을 비롯해서 환경호르몬 등이 함유되어 있고, 세균 오염이 우려되거나 농약 성분 등 유독성 물질의 포함 여부가 확실치 않은 음식 재료를 사용한 경우 등이 있다. 영세 상인들의 상품을 일일이 단속하고 감독할 수단이 없다는 점이 안타깝다.

■ 비만 관리 문제

간식에는 위생뿐 아니라 비만의 원인이 될 수 있는 각종 원료와 첨가물에 관한 정보를 전혀 알 수 없다는 데 문제가 있다. 간식류에는 비만을 유발하는 성분이 많이 들어 있다. 육류나 생선류 혹은 채소류라도 기름에 튀기면 맛이 좋아지고 고소해지기 때문에 아이들이 좋아한다. 하지만 자칫 지방의 과다 섭취를 불러올 수 있으므로 조심해야 한다.

■ 물 관리 문제

아이들이 집 밖에서 마시는 물의 질과 세균 오염 여부를 일일이 감시하기가 어렵다. 깨끗한 물을 마실 수 있도록 지도해야 한다. 각종 기능성 음료에 대해서는 모두 사가지고 와서 아이와 함께 내용물을 검토해볼 필요가 있다. 저녁 식사 후에는 컵으로 하나 정도는 괜찮은데, 그 후로는 될 수 있는 대로 안 마시는 것이 좋다. 수면에 방해가 되기 때문이다. 자기 전에 물을 많이 마시면 혈액의 농도가 묽어지고 야밤에 화장실을 자주 출입하게 된다.

두뇌 활동과
음식의 관계를 파악해라
4

머리의 좋고 나쁨

　머리가 좋고 나쁜 차이는 부모에게서 유전되는 몫이 어느 정도 있다. 어떤 학자는 지능의 약 80퍼센트가 부모에게서 유전되는 것이라고 주장하기도 하고, 또 어떤 학자는 유전과 환경(교육 포함)이 반반이라고도 하는데, 요즘 와서는 교육이나 환경의 중요성을 좀 더 크게 보는 경향이 있는 것 같다. 유전이냐 환경이냐 하는 문제를 자세히 설명하지는 않겠다. 부모에게서 물려받은 두뇌를 최대로 활용하는 방법에 대해서만 설명하려고 한다. 유전 외에도 교육·환경·음식·약물·특별한 훈련 등도 한몫하는데, 여기서는 음식으로 머리를 좋게 하는 방법에 대해 설명하기로 한다. 머리가 좋다거나 나쁘다는 것은, 타고날 때 가지고 나온 뇌신경(이것을 신경원이라고 함)이 잘 활동해서 보고 듣고 경험하고 배운 것이 머릿속에 잘 저장되게 하는 능력과 저장된 지식이나 정보를 잘 활용하는 능력을 말하는 것이다.

경험하는 것을 머리로 잘 새겨서 저장하려면 먼저 귀·눈·혀·코·피부 등의 감각기관이 정상적으로 가동되어야 하고, 그 기관에서 들어오는 정보를 머리가 정확하게 저장할 능력이 있어야 한다. 이때 감각신경과 대뇌 중추신경이 관여하는데, 그 신경들이 잘 작동하게 하는 데 필요한 물질이 있다. 즉, 뇌의 활동에 꼭 필요한 영양소가 있다는 것이다. 이 영양소가 부족하면 머리가 잘 움직여주지 않는다. 뇌가 잘 활동하도록 하는 영양소는 무엇이며, 이 영양소는 어떻게 얻을 수 있을까?

부잣집 아이들이 가난한 집 아이들보다 영양가 높은 음식을 더 많이 먹을 테니 머리가 더 좋을거라고 생각할지 모르나, 이것은 잘못된 생각이다. 문제는 음식의 종류와 그 조화에 달려 있다. 천재들이 채식을 하는 어머니에게서 태어난 경우가 많다는 사실은 음미해볼 만하다.

플러스 음식과 마이너스 음식이 있다

어떤 음식은 머리를 좋게 할 수 있으나 또 다른 음식은 오히려 머리의 활동을 둔하게 만들기도 한다. 그래서 머리를 좋게 하는 음식을 플러스 음식이라고 하고, 둔하게 하는 음식을 마이너스 음식이라고 한다. 그런데 마이너스 음식이 반드시 머리의 활동을 나쁘게 한다기보다는 억제한다고 보는 것이 옳다. 이 두 가지 작용이 적절히 조화를 이룰 때 머리의 활동이 이루어지는 것이다. 플러스 물질이란 일종의 질소화합물인데 메틸기를 많이 가지고 있는 물질이고, 감마·아미노·베타·하이드로 키시박산이라는 긴 이름을 가진 일종의 아미노산이다. 그래서 머리의 활동을 좋게 하려면(학문적인 이야기는 빼고) 글루탐산의 모체인 단백질과 함께 비타민 B군을 매일 적당량 섭취하는 것이 중요하다. 양질의 단백질이 많이 들어 있는 식품으로는, 젤라틴·말린 조개류·찐 가다랑어·오징어·전복·청어·고등어·돼지고기·효모·달걀·육류·어류·우유 등이 있고, 식물성으로는 콩·보리·현미 등이 있다.

그러나 어떤 식품이라도 과식하면 해가 된다. 단백질이 아무리 중요한 식품이라도 과식하면 여러 가지 부작용을 낳는데, 오히려 머리의 활동을 나쁘게 한다. 왜냐하면 이 단백질을 소화시키려면 위와 간이 이것을 처리하는 데 더 많은 수고를 해야 하기 때문이다. 그렇게 되면 간이 피로해지고 몸 전체가 영향을 받으며, 기분도 저하되고, 골치가 아파진다. 그래서 머리 활동이 둔해질 수밖에 없다. 탄수화물 같은 영양분은 여분의 처리가 간단하다. 운동으로 연소시키면 되기 때문이다. 지방은 남으면 피하에 쌓인다. 그러나 단백질은 여분의 처리가 아주 곤란한 영양분이다. 단백질이 뇌세포를 활성화하는 물질이 되게 하기까지는 비타민 B류가 필요하다. 비타민 B 중에서도 B1, B6, B12가 중요하다. B12는 중혈 비타민이라고 하는데, 소나 돼지의 간과 콩팥, 그리고 조개류에 많이 들어 있다. B6는 피리독신이라고 부르는데, 쌀겨·효모·간장·어육 등에 많이 포함되어 있다. B1은 없으면 피곤해지고 각기나 식욕부진을 가져온다. B2도 B1과 같이 부족하면 성장이 정지되고 피부나 점막이 짓무르기 쉽다. B2는 쇠고기·돼지고기·간·우유·김·달걀·청국장 등에 많이 들어 있다. 이 밖에도 효모가 꼭 필요하다. 머리가 제대로 활동하게 하려면 에비오제 같은 약품화된 제품을 섭취하고, 아미노산 중에서는 뇌 활동에 관계가 깊은 글루탐산을 반드시 섭취해야 한다. 글루탐산을 많이 함유한 식품은 밀기울 혹은 밀개떡·얼린 두부·다랑어·탈지분유·콩·땅콩·호두·깨·가자미 등이 있다. 또한 비타민 B

가 결핍된 흰쌀밥이라도 비타민류, 단백질과 함께 매일 적당량을 섭취하면 두뇌 활동이 좋아진다.

과식과 편식은 머리를 나쁘게 한다

연구에 따르면 소식(小食)이 과식보다는 두뇌 활동에 좋다고 한다. 식욕부진이었던 플레처라는 노인은 1일 1식, 1일 2식 등의 절식을 하면서도 경이적인 체력을 보였다. 발명왕 에디슨의 머리를 만들어준 음식은 칼로리가 풍부한 육식 요리가 아니고, 빵에 사과, 거기에 작은 생선과 같은 아주 소박한 식사였다. 그는 소식가였다. 육식은 거의 안 했고 채식을 주로 했다. 과식은 안 했고 잘 씹어 먹었으며, 적게 먹었기 때문에 수면 시간은 짧아도 충족되었다. 에디슨의 일화를 들어보면, 과식이나 편식이 머리를 둔하게 만든다는 것을 알 수 있다.

"당신은 제2의 조물주군요."

"그 말은 틀렸습니다. 인내심 많은 노동자라고 불러주면 만족하겠습니다."

"어떻게 그렇게 많은 발명을 할 수 있었습니까?"

"생각하니까요."

"어떻게 그렇게 생각하는 시간이 남습니까?"

"물론 잠을 잘 안 자니까요."

"어떻게 그렇게 안 자고 버팁니까?"

"별로 먹지 않으니까요." 다른 사람들이 8시간 자는 동안 나는 생각을 합니다. 많이 먹으면 졸리니까 나는 될 수 있는 대로 먹지 않기로 했습니다."

05

신체언어 속의 의미 읽기

사소한 표현에도
신경 써라
1

아이의 모든 표현을 가끔은 눈여겨보라

갓난아기도 뭔가 나타내려고 한다. 몸이 불편하면 울음으로 그 불편함을 나타낸다. 몸에 열이 있거나 추위를 느낄 때 아기들은 그것을 울음으로 나타낸다. 이때 아기들은 몸의 움직임으로 의사를 표현하는 셈이다. 만일 이러한 표현이 없다면 부모는 아이의 건강 상태를 점검하기 위해 늘 병원에 데리고 가야 할 것이다. 아이들의 이러한 신체 표현이 있기에 부모는 아이의 건강 상태나 기분을 알 수 있다.

음성을 구사할 능력이 생기면 아기들은 단지 몸의 불편만 표현하는 것이 아니라 감정과 의사도 표현할 수 있게 된다. 그런데 우리나라 부모들은 아이들이 말을 배우기 시작할 때에는 크게 관심을 가지고 말을 가르치려고 노력하는 편이나, 일단 말을 잘하게 되면 아이들이 재잘거리는 것을 좋아하지 않는 것이 보통이다. 우리나라 가정에서는 "시끄러워"라든가 "좀 조용히 해", 좀 심하면 "입 다물고 있어"라는 식으로 말하는 경우가 많다. 그러다 보니 자기 의사를 정확하게 표현하는 능력이 좀 부족해지는 것 같다.

말뿐 아니라 몸짓도 그렇다. 우리나라 문화는 몸을 경망스럽게 놀리는 것을 좋아하지 않는 경향이 있다. 그래서 아이들이 몸을 재빨리 놀리면 "사람이 채신머리가 없다"라고 하면서, 좀 무게 있고 점잖게 움직이는 것을 칭찬한다. 몸을 움직일 때 천천히, 그리고 신중하게 움직이기를 권고한다는 말이다. 그러다 보니 자연히 마음속에 무슨 생각이나 느낌이 있어도 좀처럼 밖으로 드러내지 않는다.

어쨌든 우리는 지금까지 어른이건 아이건 간에 표현이 그리 풍부하지 못했던 것이 사실이다. 지금부터는 좀 더 풍부하게 표현하려고 가정과 학교에서 함께 요구하고 노력해야 할 것이다.

아이들의 의사나 감정을 읽으려면 아이들의 몸짓, 즉 눈 깜박거리는 것, 입 실룩거리는 것, 손의 움직임, 한 손과 다른 손의 협동 작용, 몸의 뒤틀림, 몸의 움직이는 속도나 각도 등에 주목해야 한다.

이 표현 운동은 예술로 통하는 통로가 될 수 있다. 아이들은 단순히 자기가 말하고자 하는 것을 표현하는 것 외에도 실제로 말하고 싶지 않았던 것도 말하게 되고, 말하고 싶었던 것을 말하지 않는 경우가 있다. 그러므로 아이들의 말을 듣고 이해하려고 할 때에는 그 숨은 뜻을 새겨 이해해야 한다.

예를 들어, 아이가 "엄마, 동생 왜 낳았어!" 하고 불평할 때, "왜, 동생이 있으면 안 되니?"라고 물으면 "동생이 있으니까 내가 엄마를 예뻐해주지 못하잖아" 한다. 이 말을 뒤집으면 "아기 때문에 엄마가 나를 예뻐해주지 못하니까 아기가 미워"라고 말하려고 했던 것이다. 이때의 표현된 말과 그 말의 뜻은 반대이거나 왜곡되어 있는 셈이다. 그러므로 아이들의 말을 들을 때에는 새겨듣는 노력이 필요하다. 그런 왜곡은 의도적이기보다는 거의 무의도적이고 무의식적이다.

또한 아이들은 음악의 멜로디나 리듬에 민감하게 반응한다. 그중에서도 리듬에 더욱 예민한 반응을 보인다. 아이들은 멜로디를 연주하는 악기보다 리듬을 연주하는 악기를 더 좋아한다. 왜냐하면 인간은 리듬적 존재이기 때문이다. 시간의 규칙적인 간격에 따른 운동이 몸속에서 일어나고 있기 때문이다. 리듬은 생명현상이다. 그래서 아이들은 리듬을 멜로디보다 더 좋아하는 것이다.

아이들의 손에 쥐어진 필기도구는 그대로 조형 활동의 매체가 된다. 오줌을 누고 그것으로 그림을 그리는 활동에서부터 시작해서 크레파스가 되었든 볼펜이 되었든 뭔가 표현하지 않고는 못 배기는 것이 어린아이다. 그리고 그런 표현 속에 아이의 기운(氣運)의 상태, 건강, 성격, 지능, 병리적 현상까지 나타난다.

아이의 삶 자체는 온통 표현 덩어리다. 그럼에도 우리네 가정에서는 아이들 여럿이 모여 놀면서 떠들면 "얘들아, 입 다물고 놀아라"라고 말한다. 아이들은 입을 다물고 놀 수가 없다. 따라서 이 말은 아이들의 삶의 본질을 모르고 한 것임을 알 수 있다. 또 아이들은 손을 가만히 호주머니에 넣은 채 놀지 않고, 반드시 손을 놀리면서 논다. 그러면 엄마는, "요놈들, 손 좀 놀리지 말고 놀아"라고 말한다. 이것이 가능한가? 아이들은 손을 가만히 접어둔 채 놀지 못한다.

집에서뿐만 아니라 학교에서도 그렇다. "여러분! 눈 감고, 머리에 손을 얹고, 입 다물고, 움직이지 말고 잘 들어요"라는 식이다. 이렇게 표현의 도구인 입과 손과 몸을 움직이지 말라고 강요하는 교육에는 문제가 있다.

표현을 유도하자

우리 문화는 표현을 억제하는 교육 방법을 지켜왔다. 옛날부터 슬퍼도 너무 슬픈 표정을 짓지 말 것이며, 기뻐도 지나치게 기뻐하지 말 것을 가르쳤다. 공자님의 가르침에도 그런 대목이 있고, 옛날 유교 교과서인 《소학》이나 《동몽선습》이나 《명심보감》 같은 것에도 그런 대목이 있다.

그러나 오늘날 우리는 표현을 부추기는 문화 속에 살고 있지 않은가? 인간은 원래 표현의 동물이기 때문에 표현하지 않고는 살아갈 수 없다.

그러면 풍부한 표현력을 가진 사람이 되도록 가르치려면 어릴 때부터 어떻게 하는 것이 좋을까? 몇 가지 방법을 소개하겠다.

첫째, 언어 표현을 유도하기 위해 아이에게 그림책 보여주기, 동화책 읽어주기를 해주는 것이 좋다. 이때 가능하면 엄마는 탤런트가 되어 음성의 고저와 강약, 제스처 등을 써가면서 책을 읽어주는 지혜를 발휘하는 것이 좋겠다. 밋밋하게 내용만 전달하지 말고, 전달의 효과도 생각해서 읽어주면 좋겠다. 그러면 아이들이 그러한 엄마의 표현을 배우게 되는 것이다. 그뿐 아니라 책을 읽어주면서 질문을 하는 것도 좋겠다. "민수야, 여기서 곰 아이가 울었잖아? 왜 울었을까?" 하는 식으로 질문을 하면 아이들은 할 말을 생각하게 된다. 그리고 대답을 했을 때 잘못된 말이 있거나, 문법에 맞지 않는 말이 있으면 고쳐주는 것이 좋다.

둘째, 집에서 아이들이 텔레비전을 보다가 개인적인 소견을 말하면 반드시 거기에 반응을 보여주는 것이 좋다. "그래, 그랬구나. 참 좋은 생각을 했어"라든가 "엄마는 그렇게 안 보았는데"라든가 "응, 너 말 참 잘했어"라는 식으로 대꾸해주면 좋고, "시끄러워, 입 다물고 있어"라든가 "쟤는 누굴 닮아서 저리 주둥이가 싸"라는 식으로 속되게 비난하는 태도는 바람직하지 않다. 사람이 높은 지위에 올라가는 것은 그 사람이 사용하는 말이 다르기 때문이란 말이 있다. 말의 사용이 얼마나 중요한 것인지 모른다.

셋째, 우리네 가정에서는 아이들이 필기도구로 여기저기 긁적거리는 것을 그리 좋아하지 않는다. 방바닥이나 벽이나 마루에라도 긁적대면 닦고 지우기가 귀찮다는 이유로 못하게 하는 경향이 있다. 그런 긁적거리기를 무작정 막을 일이 아니라, 한 번 쓴 종이나 노트 뒷장, 또는 광고지 뒷장 등 비어 있는 종이를 모아두었다가 긁적거리게 놓아둔다.

또 긁적거려놓은 것은 어지럽다고 바로 버리지 말고, 한 장 한 장 혹은 그중 몇 장 정도는 엄마가 모아두기도 하고, 또 펼쳐서 칭찬을 해주고 벽에 붙여주기도 하는 것이 좋겠다. 그러면 아이들은 크게 격려를 받는다.

"엄마 청소하기 싫다", "좀 어질러놓지 마라"라고 소리 지르기보다는 그 상황을 교육적으로 활용할 줄 아는 지혜를 발휘하는 엄마가 되었으면 좋겠다.

넷째, 세계적으로 유명한 피아니스트들의 생애를 조사해보면, 대개 서너 살쯤 되었을 때 중요한 경험을 했다는 것을 알 수 있다. 엄마가 피아노를 치고 있을 때 옆에서 건반으로 장난을 치면 "저리 비켜. 얘는 엄마가 피아노 좀 치려니까 이러네" 하며 밀어내는 경우가 있는데, 이들은 그 반대의 경험을 하고 자랐다는 사실을 알 수 있다.

즉, 장난으로 피아노를 두들기면 엄마가 얼른 무릎에 앉힌 후에 아이의 손가락을 짚어가면서 가르치거나, 아무렇게나 두들겨 소리 내는 경험을 즐기게 했다는 것이다. 그러다가 우연히 그럴듯한 소리라도 내게 되면 엄마는 좋아하면서 손뼉을 치고, 칭찬해주고, 뽀뽀해주고 했다는 것이다.

다섯째, 바로 이 점이 중요하다. 아이들에게는 첫 경험이 중요하다. 첫 경험이 즐거운 것이 되도록, 또한 첫 경험부터 쓰라린 실패가 안 되게끔 하는 교육이 좋은 교육이다. 첫 경험이 성공의 경험이 되게 하는 표현 교육을 염두에 두었으면 좋겠다.

또 몸놀림에 대해서도 생각해보자. 사람은 자기의 의사나 감정을 말로 다 표현할 수 없을 때에는 몸짓이 나가게 된다. 그 몸짓은 연기가 되고 무용이 되는 것이다. 화났을 때의 무서운 표정, 기쁠 때 날뛰는 동작, 이런 것들이 쌓이면 슬픈 연기가 되고 무용이 되는 것이 아닌가?

몸놀림, 손의 동작, 얼굴의 표정, 이 모두는 표현 활동에 속한다. 세련되고 풍부한 몸의 움직임은 연설할 때의 제스처에서부터 무대예술에 이르기까지 다양하게 우리의 삶을 풍요롭게 해준다.

아이들에게도 세련되고 예쁜 몸의 움직임과 표정 연습은 좋은 교육이 될 것으로 생각한다.

아이 보는 눈길

아이를 이해하는 방법에는 세 가지 관점이 있다. 말하자면, 카메라로 사진 찍을 때의 앵글과 같은 것이다. 어느 각도에서 보느냐에 따라 아이가 달리 보인다.

첫째 앵글 지구 상의 모든 어린이에게 공통된 특징으로 이해하는 방법

- 열두 살 무렵까지의 어린이 시기는, 모든 면의 발달이 일생 중 가장 빠른 시기다. 그래서 하루하루가 달라질만큼 성장 속도가 빠르다. 그래서 안정성이 좀 떨어진다.

- 체격과 체력이 왕성하게 자라고, 어려운 일과 운동도 해낼 수 있다.

- 개인차가 커진다. 열 살만 지나면 머리가 좋은 아이 나쁜 아이, 공부를 잘하는 아이와 못하는 아이, 친구를 잘 사귀는 아이와 못 사귀는 아이 등 개인차가 뚜렷해지기 시작한다.

- 열 살 무렵까지 어린아이들은 부모나 선생님, 어른을 두려워하고, 존경하며, 말 잘 듣고, 공부도 열심히 하지만, 열 살이 넘으면 사춘기적 특징을 보이기 시작한다. 그래서 독립성을 보이고, 집 밖에서 활동하는 것을 좋아하고, 장래에 대한 꿈을 갖기 시작한다. 그리고 모험심이 아주 강하다.

- 지능 면에서는 어른의 사고방식에 가깝게 자라기 때문에 어른이 할 수 있는 거의 모든 지적인 일을 할 수 있다. 일관성 있게 체계적으로 사고할 수 있게 된다. 고등수학도 할 수 있고, 물리학이나 화학도 공부할 수 있고, 철학적으로 생각할 수도 있다. 아이들의 지적 능력에 대해 과소평가해서는 안 된다.

- 정서 면에서는 복잡한 정서 경험과 감정 표현을 모두 할 수 있다. 슬픔, 기쁨, 즐거움, 흥분, 노여움, 공포, 긴장, 불쾌감, 비탄, 뉘우침, 애석함, 분함, 동정심, 측은함, 공감 등 모든 감정을 나타낼 수 있다.

- 생활공간이 넓어지고, 사회생활에 익숙해지며, 동생을 돌볼 수 있게 되고, 지도력과 책임감도 생겨난다. 요즘은 조숙한 경향이 있어서 초등학교 상급생이 되면 사춘기에 들어서는 아이도 생긴다.

- 모든 가능성을 가지고 있다. 일생 중 가소성(可塑性)이 가장 좋은 시기다. 장차 무엇이든지 할 수 있고, 어떤 사람이든지 될 수 있는 가능성을 지니고 있다.

둘째 앵글 오늘날 문명화된 나라에 사는 어린이의 특징

- 신체적·지적 발달의 속도가 옛날에 비해 빨라졌다. 그래서 사춘기도 빨리 오고, 성숙 연령도 아래로 내려왔다. 성적 성숙도가 빨라지면서 남녀 간 교제가 일찍부터 시작된다.
- 다양한 정보·통신 매체 때문에 아는 것이 많다. 인터넷과 게임기, 휴대전화, 디지털카메라, 모바일 데이터베이스, 전자사전, DMB 등의 정보·통신 기기 사용이 일상화되었다. 그래서 아는 것이 많고 똑똑해졌다.
- 국경을 넘어선 전 지구적 사고와 감각을 지니고 있고, 넓은 인적 네트워크를 가지고 살고 있다.
- 복잡한 교통, 편리한 통신, 빨리 변하는 사회, 국제화된 문화생활, 괄목할 과학기술의 발전 시대를 산다. 그래서 기술 시대의 합리적 사고에 익숙하다.
- 각종 문화 행사나 공연, 전시, 영화, 연극 등을 접할 기회가 많아졌다. 옛날보다 문화에 대한 이해가 넓어졌다.
- 교육의 기회가 다양하고 질적으로 향상되어 개인이 교육을 통해 성공할 수 있는 기회가 더 많아졌다. 열다섯 살에 대학생이 될 수도 있다.
- 부모의 취업 등으로 부모 자녀 사이의 관계 형성이나 소통에 많은 문제가 생긴다.

세 번째 앵글 우리나라 어린이의 특징

- 급속한 경제 발전과 사회 변화에 따라 아이들의 생활양식이 도시화되고 단지화(團地化)되었다. 소통이 단절되고, 이기적으로 되었다.

- 정보·통신 기기의 발달과 사회의 정보화로 인해 아이들은 열쇠 맨 아이 (key-child)에서 휴대전화를 맨 모바일 키즈(mobile-kids)로 변했다. 1990년대까지는 부모의 취업으로 집이 비어 있으니 아이가 집 열쇠를 매고 혼자서 집을 지켰는데, 지금은 열쇠 대신 휴대전화를 목에 걸고 다니면서 부모와 연락한다. 집의 현관문은 디지털 도어록으로 되어 있어서 도둑이 함부로 침입하지 못한다.

- 교육의 보급으로 경쟁이 치열해져서 장차 좋은 대학에 가기 위한 준비를 유치원 때부터 시작한다. 세 살 때부터 영어를, 초등학교 1학년 때부터 수학 과외를 받는다.

- 일주일에 보통 다섯 가지의 과외학습이나 학원 교육을 받는다.

- 주당 학습 시간은 많지만 학업 성적은 다른 나라 아이들의 성적과 비슷하다. 잠 덜 자고 공부는 훨씬 많이 하는데도 성적에 차이가 없다는 것은 노는 시간, 운동하는 시간도 없이 공부를 해도 능률은 안 오르고, 시간 낭비만 하는 셈이다. 아주 비효율적인 학습을 하고 있다고 할 수 있다.

- 수면 시간이 짧으니까 밤에 학원에서 공부하고 학교에 와서 자는 행태를 보인다. 그래서 공교육이 무너지는 원인을 교육 수요자인 학생 스스로 제공하고 있다.

- 소자녀화(少子化女)로 자기중심적이고 이기적인 아이가 되고 있다.

- 소자녀화로 부모의 과보호와 과애가 자녀를 무기력하고 소심하고 의존적인 성격의 아이로 만들고 있다.

- 텔레비전, 컴퓨터, 게임기, 휴대용 데이터베이스, MP3, 휴대전화 등에 접속하거나 의존하는 시간이 너무 많아서 건강, 학습, 사회관계, 사고에 크게 영향을 받는다. 산만하고, 인내심과 지구력이 부족하고, 이런 기기와의 관계가 끊어지면 불안해진다.
- 자기표현력은 발달했으나 남의 의견과 생각을 받아들일 마음의 여유는 없다. 자기중심적이고 배려심이 부족하다.
- 지나친 경쟁의식으로 모든 친구를 경쟁 상대로 보기 때문에 진정한 우정 관계를 형성하는 데 지장을 받는다.
- 도덕적 성품은 잘 길러지지 않고 있다. 왜냐하면 학습 부담이 과중하기 때문에 학교에서나 가정에서 인성 교육이나 도덕교육을 받을 여유가 없다. 말은 잘하는데 책임감이 약하다.

이러한 요즘 아이들의 심리적 특징을 알고 아이들을 다루면 비교적 순조롭게 문제를 해결할 수 있을 것이다.

아이의 신체언어에
주목해라
2

아이들이란 어리고 작지만 그 속에 우주가 들어 있다. 그리 간단하고 하찮은 존재가 아닌 것이다. 심리학이라는 학문이 매우 발달되었지만, 아직도 영유아기 특성에 대한 비밀은 충분히 풀어내지 못하고 있다. 그 이유는 연구의 어려움 때문이다. 그래서 가끔 심리학자들 사이에서도 이러쿵저러쿵하고 논쟁이 많다. 그만큼 해명이 안 되는 부분이 많다는 이야기다.

그래서 아이가 어리다고 쉽게 생각하거나 철이 덜 들었다고 깔보아서는 안 된다. 아이를 바로 알면 제대로 키우고 지도하고 교육할 수 있기 때문에 아이를 이해하려는 수고는 필수적이다. 아이를 이해하는 방법은 눈여겨보는 것(관찰)이 제일 중요하다. 심리학적 지식을 조금 동원해서 보면 더 잘 볼 수 있다.

"눈은 입만큼 말을 한다"라는 서양 속담이 있다. "눈이 휘둥그레졌다", "눈을 슬쩍 흘겼다", "눈으로 째려본다", "눈을 깜빡거리면서……

한다", "눈을 깔았다", "눈길을 보냈다"라는 표현이 있지 않은가? 때로는 말로는 도저히 표현할 수 없는 미묘한 감정적 뉘앙스를 눈이나 손, 나아가 온몸의 표정으로 나타내는 경우가 있다.

우리가 다른 사람과 대화를 할 때에도 의식적으로나 무의식적으로 이와 같은 비언어적 표현을 순간적으로 사용한다. 그리고 다른 사람의 그런 표현을 간파(看破)한다. 그래서 "몸이 말을 한다"라고 하기도 한다. 이러한 비언어적 소통은 어린아이의 경우 어른보다 더 많이 사용한다는 것을 이해해야 한다. 왜냐하면 언어능력, 즉 어휘력이나 표현력이 부족하기 때문이다.

스위스의 유명한 정신의학자인 빈스방거(Ludwig Binswanger, 1881~1966)는 "말이 침묵했을 때, 몸이 말하기 시작한다"라는 유명한 말을 했다. 그만큼 비언어적 표현을 중요시한 것이다. 어린아이의 이 몸짓 언어를 이해하면 아이를 더 잘 이해하고 사랑하고 교육할 수 있다.

아이들의 보디랭귀지(신체언어)는 아이들의 생활에서 큰 몫을 차지한다. 왜냐하면 아이들은 아직 언어가 불충분하기 때문이다. 자기가 가지고 있는 말의 레퍼토리(저장된 언어)만으로는 감정과 의사를 충분히 나타내지 못한다. 그래서 몸으로 의사와 감정을 표현한다. 사람이 일상적으로 소통하는 데 사용하는 수단(매체라고도 함)은 대부분 말일 것이라고 생각하지만, 실은 일상적 소통에서 80퍼센트는 비언어적 몸짓 언어를 사용한다.

예를 들어 엄마가 무리한 심부름을 시키면, "싫어!" 하는 대신 얼굴을 찌푸린다. 연휴에 어디 놀러 가자고 하면 좋아서 고개를 연방 끄덕인다. 어른의 잔소리에 싫증이 나면 하품을 한다. 병원에 진찰받으러 와서는 대기실에 앉아 불안해서 다리를 떤다.

아이들이 이런 것으로 자기 감정이나 의사를 표현하는 것을 일상적으로 목격할 수 있다. 그런 신호를 무시하면 안 된다. 그게 곧 말이니까 말이다.

집에서 엄마가 "미윤아, 숙제 다 했어?" 하고 물으면, 다 한 경우에는 떳떳하니까 "응, 다 했어" 할 테지만, 못 했을 때에는 고개를 가로젓는다. 말로 대답하기가 망설여지기 때문이다. 또한 야단맞을지도 모르기 때문이다.

아이들은 일상적으로 꼭 대화를 할 때만이 아니라 놀 때나 공부할 때에도 이 보디랭귀지를 사용한다. 친구들과 놀 때 친구 장난감을 갖고 싶으면 친구가 노는 데 가서 장난감을 만지작거린다. 이 행동은 '저것 나도 갖고 싶은데'라고 말하는 것이다.

또 공부하다가 싫증이 나면 하품을 하거나 책상머리에 엎드리거나 연필이나 펜을 내던진다. 공부하다가 라디오를 켜거나 스탠드를 끄기도 한다. 이런 행동은 모두 공부하기 싫다는 신호인 것이다.

그래서 부모는 아이들의 보디랭귀지, 키즈사인(kid's sign), 어린아이의 무언의 신호를 포착해서 사전에 문제를 해결해주거나 대책을 마련해주어야 한다. 그런 부모가 똑똑한 부모다. 아이가 아무리 신호를 보내도 응답할 줄 모르는 부모라면, 아이에게 관심이 적거나 감각이 둔하거나 아니면 아이에 대해 거부감을 가진 사람이라고밖에 말할 수 없다.

좋은 정부는 백성들의 심정을 미리 헤아리거나 백성들의 아픈 데를 빨리 감지해서 문제를 해결해주는 정부다. 시위하고, 항의하고, 언론에서 야단을 쳐야 비로소 움직이기 시작하는 정부는 좋은 정부가 아니다.

마찬가지로 아이들에게 문제가 생기면 그제야 허둥지둥해서는 이미 늦다. 학교 교사도 마찬가지다. 아이들이 무엇을 원하는지, 무엇이 불편한지, 무엇에 좌절하고 속상해하는지를 미리 알아서 가려운 데를 긁어주기도 하고, 스스로 문제를 해결하도록 도와주는 부모와 교사가 좋은 부모요 교사다.

집에서 아이들의 신호(키즈사인), 무언의 말, 신체언어를 읽는 방법을 소개하려고 한다. 먼저 대원칙을 소개하고, 다음으로 구체적인 보디사인을 소개하겠다. 그 이유는 나라마다 집집마다 조금씩 다를 수 있기 때문이다. 이 원리를 터득해두면 자녀 교육에 크게 도움이 될 것이다.

신체언어를
이해해라
3

보디사인은 몸의 움직임, 자세, 얼굴 표정, 앉은 자세, 손발의 움직임, 눈의 움직임, 입술의 모양, 상대방과 거리를 유지하는 방식, 전체적 인상 등으로 읽을 수 있다. 평상시에는 놓치기 쉬운 것들이 이런 것 속에 숨겨져 있다는 점을 유의해서 한번 시험해보기 바란다.

아이가 부모에게 얼마나 가까이 다가오는가

대체로 아이들은, 실은 어른도 마찬가지지만, 아빠나 엄마가 자기에게 호감을 보여주고 자기를 사랑한다고 생각하면, 엄마나 아빠 턱밑으로 돈다. 그런 감정이 별로 느껴지지 않으면 거리를 두려고 한다. 엄마를 좋아하는 아이들은 엄마를 졸졸 따라다닌다. 그런데 엄마가 잔소리나 늘어놓고, 눈 흘기고, 언성 높여 야단치고 하면, 아이들은 슬슬 피하거나 가까이 안 가려고 한다. 사람과 사람 사이의 거리에는 심리적으로 달리 해석할 수 있는 4단계가 있다. 아주 가까운 거리, 즉 늘 피부가 맞닿는 거리부터 시작해서 소리를 크게 내서 불러야 응답하는 거리가 있는데, 이런 여러 단계마다 의미가 다르다. 동물에게 '영역', '테두리', '구역'이 있듯이, 인간에게도 이 영역이란 것이 있다.

- 지근거리(至近距離 : 혹은 밀접거리라고도 함) : 45센티미터 이내
  어른이 팔을 벌리면 45~50센티미터 정도 된다. 그 안에 들어가는 거리다. 아빠, 엄마의 팔 길이 안쪽으로 들어오는 것은 '사랑한다', '친하다', '보고 싶다'라는 친밀감을 나타내고, 안길 수 있는 감정을 나타내는 거리다.

- 접촉 거리 : 45~120센티미터
  이 거리는 손을 뻗치면 상대방의 몸에 닿을 수 있는 거리다. 엄마, 아빠의 표정, 움직임을 또렷이 읽을 수 있는 거리다. 이 안에 들어가는 공간을 심리학에서는 사적(私的) 공간이라고 한다. 자기의 두 팔을 쭉 뻗어서 빙 둘렀을 때의 공간은 사사로운 물건이나 사람이 들어올 수 있는 공간이다. 이 거리 안에 들어오는 것은 대화를 하고 싶다는 것을 의미한다.

- 사회적 거리 : 120~360센티미터
  이 거리는 사무적으로 일을 볼 때 두는 거리다. 엄마나 아빠가 사무적인 말, 용돈, 성적 이야기를 할 때나 조심스럽게 말할 때 유지하는 거리다.

- 공중 거리(公衆距離) : 360센티미터 밖
  이 정도는 집 안에서도 소통이 어렵고, 소리를 질러야 되는 거리다. 그러니까 별로 대면하고 싶지 않다는 것을 나타내는 거리다.

이렇게 아이가 엄마나 아빠와 어느 정도의 거리를 유지하고 있으며,

유지하려고 하는지를 눈여겨보아야 한다. 아이가 언제나 엄마의 턱밑에서 도느냐, 어색하게 2~3미터 간격을 두고 서 있기만 하느냐로 아이의 부모에 대한 감정을 읽을 수 있다.

얼굴 표정을 읽는다

얼굴에는 표정을 만드는 눈썹, 눈, 입이 있다. 이들의 움직임에 따라 기분과 감정을 읽을 수 있다. 화남, 놀람, 경멸, 무시, 불편, 슬픔, 기쁨, 웃음, 의구심, 고민을 나타내므로, 관심을 가지고 보아야 한다. 입으로 하는 말과는 다른 속마음이 드러나기도 하니까.

자세도 중요하다

사람의 여러 가지 동작의 기본은 자세다. 즉, 몸가짐이다. 똑바로 서 있느냐, 삐딱하게 서 있느냐, 앉아 있느냐, 다리를 쭉 펴고 앉았느냐 비스듬히 기대앉았느냐, 아니면 아예 누워버렸느냐로 아이의 건강 상태나 기분을 읽을 수 있다. 그런데 이런 몸의 자세가 갑자기 변화할 때에는 기분이나 감정에 동요가 있음을 보여주는 것이다. 또 몸의 컨디션이 바뀌었다는 신호도 된다. 이런 것에 유의해야 한다. 손을 계속 만지작거리는 것은 긴장, 초조의 감정과 관계가 있다. 집에서 아이들이 계속 펜, 연필, 젓가락, 장난감, 티슈, 손수건 같은 것을 만지작거리는 광경을 가끔 보게 되는데, 대개는 습관적으로 하기도 하지만, 긴장감 때문에 그것을 해소하려고 만지작거리는 것이다.

다리를 떨거나 흔드는 것도 긴장감을 해소하려는 것인데, 등을 갑자기 쭉 바로 펴거나 앞으로 굽히면, 지루함을 나타내는 것이다. 긴장된 입가에 미소가 돌고, 눈이 반짝거리고, 엉덩이가 들썩거리면 '흥미가 있다', '관심이 간다'는 것을 뜻한다. 머리를 긁거나 만지는 것은 순진한 감정을 나타내며, 턱이나 볼을 만지작거리거나 코를 문지르는 것은 자신감이 없거나 마음이 불안하다는 것이다.

시선은 마음의 움직임을 나타낸다

눈길(시선)을 위로 치켜뜨느냐, 아래로 깔고 보느냐, 곁눈질로 보느냐, 훑듯이 보느냐로 마음의 움직임을 읽을 수 있다. 엄마 아빠가 아이에게 뭔가 말할 때, 아이의 눈길이 어느 쪽으로 향하는지를 보면 이야기를 듣고 있는지 안 들으려고 하는지를 알 수 있다. 반대로 부모가 말하고 있는데 눈을 감으면 부모의 말을 심각하게 듣고 있다는 뜻이다.

입모습으로 말한다

입을 꼭 다물고 있느냐, 삐죽거리느냐, 입을 벌리고 있느냐로 아이가 기분이 좋은지 화나 있는지 또는 긴장하고 있는지를 알 수 있다.

손을 유심히 보라

손은 다목적 소통의 도구다. 손은 감정과 의사를 표현하는 데 탁월하고 무궁무진한 가능성을 가진 도구다. 수화(手話)를 보면 알 수 있다. 수화로 인간의 거의 모든 복잡한 의사와 감정을 전할 수 있고, 또 읽어낼 수 있다. 손의 움직임도 유의해서 보라. 그러면 손으로 어려운 의사소통을 쉽게 할 수 있다.

신체언어의 다양한
모습을 읽어라

4

아이들은 입으로 말하지 않고도 말을 한다. 유치원에 다니는 아이를 데리고 미국 같은 나라에 이민을 간다. 부모는 1~2년이 지나도 슈퍼에 가서 자유롭게 의사소통을 못하는데, 유치원에 다니는 아이는 3~4개월 이면, 놀이터 같은 곳에서 친구들과 자연스럽게 소통하면서 논다. 반은 보디랭귀지로 소통하는 것이다. 그들은 서로 말이 안 통해도 벙어리는 아니다. 이것을 '소리 없는 비밀스러운 말(silent and secret language)'이 라고 한다. 이와 같이 아이들의 소통 능력이 뛰어나고 언어가 없어도 소 통할 수 있는 이유는, 이 보디랭귀지를 잘 활용하는 능력을 가지고 있기 때문이다.

소리 없는 말, 조용한 문장을 쓴다.

이런 말이 있다. "아이들은 볼 수는 있어도 들을 수는 없다.(The children can be seen but not heard)." 즉, 아이들을 밖에서 관찰할 수는 있어도 그 아이들이 하는 말을 듣기는 어렵다는 말이다. 아이들은 다른 사람에게 말할 때 상대방의 귀에다 대고 말하는 것이 아니고, 상대방의 눈을 향해서 말한다는 뜻이다. 그들은 말로 소통하는 것이 아니고 눈으로 소통한다. 즉, 아이들의 말이란 몸의 광범위한 움직임으로 보내는 소리 없는 신호다.

아이들은 입술의 미묘한 움직임으로 소통하는 것이 아니고 몸 전체로 소통한다는 것을 이해해야 한다. 그리고 아직 미숙하기 때문에 입매나 눈매를 미묘하게 움직이는 능력은 없다. 그 대신에 큰 움직임으로 말을 한다. 그래서 얼굴 표정에서도, 얼굴 근육 전체를 움직여서 표현한다.

- 양쪽 입가의 근육이 어떻게 움직이는지를 보자. 미소, 감사, 환영, 불확실한 감정을 나타낸다.
- 입술을 꼭 다물고 있으면, 분노, 협박을 의미한다.
- 입가가 처져 있으면 슬픔, 실망, 거부하거나 부정하는 감정을 나타낸다.
- 입을 벌리고 있으면 피로를 나타낸다.
- 앞이마를 찌푸리면 당황한 감정을 나타낸다.
- 앞이마가 부드럽게 풀려 있으면 무관심을 나타낸다.
- 눈썹이 갑자기 올라가면 반갑다는 뜻, 천천히 올라가면 조심스러운 놀라움을 나타낸다.
- 눈을 부릅뜨면 공격성을, 가늘게 뜨면 신경질적인 반응을 나타낸다.
- 머리를 앞으로 내밀면 우정을, 뒤로 젖히면 접근을 거부하는 신호다.
- 몸을 낮추고 팔을 올리면 어른의 도움을 청하는 것이다.
- 두 손의 손가락을 깍지 끼면 복종이나 두려움을 나타낸다.

- 손의 긴장이 풀려 있으면 피로를 나타낸다.

- 빨리 움직이는 팔은 욕구불만을, 때로는 화를, 때로는 기쁨을 나타내기도 한다. 감정의 적극적 표현이다.

- 몸통이 앞으로 약간 휘어져 있으면 지배하고 싶은 생각을 나타낸다.

- 몸통이 똑바로 서 있으면 불안하게 주저하는 표현이다.

- 공격을 받으면 자세가 뻣뻣해진다.

미소 읽는 법

- 미소란 행복과 즐거움을 나타내는 것이지만, 즐겁지 않은 감정일 때도 나타난다. 분노를 숨기고, 공격을 위장하고, 불안을 감추고, 어색함을 은폐하기 위해 사용하기도 한다. 상황을 잘 살펴서 의미를 이해해야 한다.

- 단순하고 가벼운 미소는 주저하는 행동이나 자신감이 부족함을 나타낸다.

- 단순하나 강한 미소는, 자신감이나 행복감을 나타낸다.

- 입 가장자리 근육을 오므리고 당기는 미소는 "맙소사", "어쩌지?"를 나타내는 미소다.

- 윗입술을 당겨서 윗니가 보이게 짓는 미소는 "조심해. 내가 공격할 거야"라고 말하는 것이다.

- 윗입술을 닫고 아랫니가 보이도록 미소 짓는 것은 위협적 공격을 감춘 미소를 나타낸다. "나는 그걸 원해. 내 말 들어!"를 의미한다.

- 윗입술과 아랫입술을 다 열고 이를 드러낸 것은 기쁨, 즐거움, 흥분을 나타낸다.

팔과 손

- 손으로 뭔가 빠르게 두들기는 것은 욕구불만이나 화나 있음을 나타낸다.

- 구부러진 팔은 위협을 나타낸다. 특히 이때 아이의 입과 눈의 모양을 잘 살펴보아야 한다.

- 손으로 가리키는 동작(시선과 함께)은 주변 세계에 대한 호기심을 나타 낸다.

- 팔과 손을 치켜들면(자세, 표현, 응시와 함께) 의아해하는 감정과 갈등을 나타낸다.

- 팔을 앞으로 내밀면 협조하겠다는 것을 말한다.

- 팔을 언제나 옆에 꼭 붙이고 다니는 것은 불안을 나타낸다.

- 팔을 계속 흔드는 것은 엄마에게 돌아가겠다는 신호다.

- 손을 뒤로 감추는 것은, 당황하거나 불안한 것을 나타낸다.

- 손으로 머리를 긁는 것은 불안이나 갈등을 나타난다.

- 손으로 얼굴이나 몸을 문지르는 것은 불안이나 갈등을 나타난다.

- 손으로 장난하는 동작(당기고, 뭘 만지고, 손을 만지작거리는 동작)은 안 정을 요구하는 것이다. '나는 안정되고 싶다' 라는 뜻이다.

- 손가락을 빠는 것은 불안과 갈등을 나타낸다.

- 열 손가락을 쫙 벌리는 것은 확신이 없다는 것을 나타낸다.

- 엄지손가락을 빠는 것은 엄마를 찾는 행동이다.

눈

- 간단한 눈 맞춤은 인사·반김·환영·흥미 있음을 나타내며, 계속 노려보는 것은 위협하는 것을 나타낸다.

- 눈을 좌우로 맞추다가 눈 맞추기를 그치면 패배를 나타낸다. 눈 맞춤을 하다가 눈을 아래로 깔면 복종을 의미한다.
- 눈썹이 잠시 올라가면 알아차렸다는 뜻이다. 보통은 질문을 나타낸다.
- 눈썹이 계속 올라가 있으면 의문과 놀라움을 나타내고, 밑으로 깔려 있으면 속으로 분노하고 있다는 감정과 때로는 연민의 감정을 나타낸다.

입

- 크게 웃는 입은 큰 기쁨, 즐거움을 나타낸다.
- 옆으로 쫙 당겨진 입은 다소 당황한 즐거움이나 기분 좋은 상태를 나타낸다.
- 초승달 모양의 빠끔히 벌어진 웃음은 단순히 기분이 좋음을 나타낸다.
- 입술을 앞으로 내밀고 삐죽대는 입은 다소 위협적인 신호이고, 공격의 태세를 말하는 것이다.
- 자유 놀이에서처럼 놀이에 몰두하고 있을 때의 느슨하고 즐거운 입의 표정은 행복한 정서를 나타낸다.
- 물어뜯는 듯한 행동은 공격적 대결, 정서가 불안정한 상태를 나타낸다.
- 손가락, 특히 엄지손가락, 입술, 옷, 인형, 손수건, 담요 등을 빠는 행동은 위로를 받으려는 행동이며, 내심으로 불안과 갈등이 있음을 나타낸다.
- 앞으로 내민 혀나 말려 들어간 혀는 의구심을 나타낸다.

머리

- 머리를 문지르고 계속 손질하는 것은 불안과 갈등을 나타낸다.
- 옆으로 약간 기울어진 머리는 상대에 대해 친밀하다는 것을 표현하는 것이다. 이때 대개는 미소와 눈 맞춤이 수반된다.

- 앞으로 푹 숙여진 머리와 치켜뜬 눈은 위협을 나타내는데, 이때 대개는 다른 동작이 수반된다.
- 휘어진 등은 적대감이 없음을 나타낸다.

몸통

- 성기 만지기는 불안과 갈등을 나타낸다(남자 아이에 한해서).
- 몸통이 굳어 있는 자세는 공격성을 나타낸다. 가끔 불안의 감정을 숨기고 있는 경우가 있다.

다리

- 뻣뻣한 다리는 불안하다는 것을 말한다. 긴장하고 있으면 다리가 굳어지기 때문이다.
- 발을 바닥에 대고 끄는 것은 분노나 때로는 승리를 말한다.

06

아이의 속마음을 읽는 방법

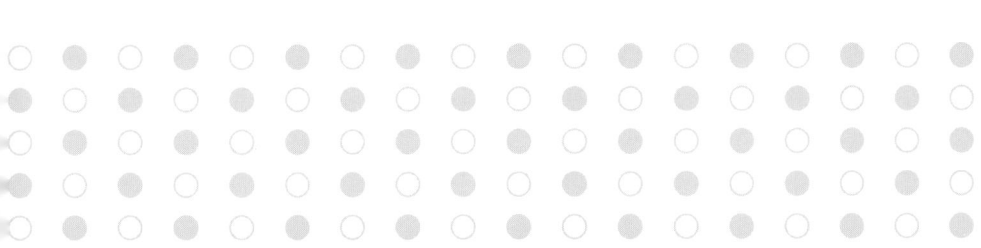

아이 말의
속뜻을 이해해라
1

아이 말의 내용을 점검한다

아이들은 말이 짧다. 말이 아이들의 의사나 감정 표시의 전부가 아니다. 그래서 보디랭귀지를 읽으라는 것이다. 그뿐 아니라, 말 자체도 꼭 표현된 말 그대로 하려고 했던 것이 아닌 경우가 있다. 그 진정한 의미를 알아차리는 것이 중요하다.

(1) 아이들의 거짓말은 상상의 소산이다.

대여섯 살 먹은 아이가 하는 거짓말의 **80**퍼센트는 고의성이 없다. 상상력의 소산이거나 소망의 표현일 때가 많다. 부모를 고의적으로 속이려는 경우는 드물다.

만 여섯 살인 난정이는 유치원에 다니는데, 하루는 원장에게 와서 이렇게 말했다.

"원장 선생님, 우리 아빠 자동차 바꿨어요."

"그래? 무슨 차로 바꿨는데?"

"벤츠로 바꿨어요."

"그래? 그러면 그것 타봤겠네? 타보니 어땠어?"

"지난 일요일날 우리 식구들이 다 타고 놀러 갔어요."

"우리 아빠가 운전하고요, 나는 아빠 옆에 타고요, 엄마와 동생은 뒤에 타고요, 맛있는 김밥 싸가지고 공원 가서 놀았어요."

"아이고, 재미있었겠다. 뭘 하고 놀았지?"

"동생하고 공놀이도 하고, 달리기도 하고, 아이스크림도 사 먹고 놀았어요."

"그래? 참 재미있었겠다! 그래 벤츠 자동차는 어디에 갔다 두었니?"

"……."

"왜?"

"원장 선생님 사실은요, 제가 거짓말을 했어요. 우리 아빠는 자동차를 안 샀어요. 우리 아빠는 회사 운전기사예요. 선생님 미안해요."

"아니야, 선생님은 네가 참 잘 지어내는구나, 난정이는 아주 재미있는 이야기꾼이구나 하고 생각했지. 괜찮아, 너는 거짓말을 한 것이 아니야."

이것은 실화다. 필자가 직접 들은 이야기다. 원장의 현명한 대처로 아이는 거짓말쟁이가 아니라 훌륭한 이야기꾼으로 변신했다. 만일 이때 원장이, "난정아, 너 그런 거짓말 하고 다니면 안 돼. 네 아빠는 그런 비싼 외제차를 사실 능력이 없는 분이잖아? 다시는 그런 거짓말 하면 안 돼!"라고 했다면, 이것은 비교육적인 처리가 된다. 그러나 원장은 아이에게 상처를 안 주면서 사건을 무난하게 마무리했다.

아이들은 지금까지 경험해온 세상이 얼마 안 되기 때문에 매 순간 경험하는 것 모두가 새로운 것일 수 있다. 호기심으로 가득 찬 아이들의 정신세계는 상상적 이미지가 풍부하다. 그래서 머리에 새로운 이미지가 떠오르니까 그 이미지를 말로 표현한 것인데, 거짓말이 되어버린 것이다.

난정이가 바로 이 경우에 해당된다. 그러니까 이야기를 잘 들어보고 대응해야 한다. 함부로 '거짓말쟁이'로 만들어버리면 아이에게는 치명적인 상처가 되어 후유증이 남는다.

(2) 아이의 거짓말 : 소망의 성취다.

난정이가 거짓말한 이면에는 이런 소망이 숨어 있다. 아이들의 거짓말의 구조를 보면, "나   했어"는 "나 그것 하고 싶어"나 "나 그것 갖고 싶어"를 말하는 때가 많다. 잘 들어보면 난정이의 소망은 이렇다.

- 우리도 좋은 자동차 샀으면! 왜냐하면 아빠는 늘 남의 자동차만 몰고 다니거든.
- 우리도 자동차 타고 소풍 가봤으면! 왜냐하면 남의 자동차로는 안 되고 늘 택시만 타고 다니니까.
- 우리도 가족끼리 소풍가고 싶어. 왜냐하면 1년에 한 번도 소풍 가는 일이 없잖아.

이런 소망이 "우리 아빠 벤츠 샀어요. 소풍 갔어요. 김밥 싸가지고 갔어요"가 된 것이다.

(3) 아이의 거짓말 : 인지능력의 부족 탓이다.

아이들의 거짓말이 가끔 이치에 안 맞거나 사실과 동떨어졌을 때에는 아이의 이해력, 지능, 인지능력이 부족해서 그렇거나 혹은 아직 철이 덜 들어서 그런 경우다. 너무도 뻔한 거짓말이 여기에 속한다. 방금 초콜릿을 얻어먹어 놓고 안 먹었다고 우긴다거나 먹어야 될 약을 안 먹어놓고는 먹었다고 우기는 일이 있는데, 이때는 모두 지각력이 덜 발달해서 그런 것이다. 그러나 그럴 나이가 지난 아이인데도 뻔한 거짓말을 하면, 아이의 상태를 확인해봐야 한다.

거짓말인지 아닌지를 알 나이면 말할 때 어색해진다

(1) 말을 더듬는다.

아이들이 의식적으로 부모에게 거짓말을 할 때에는 말이 순조롭게 흘러나오지 않는다. 더듬거리면서 말할 때에는 '이 애가 뭔가 거짓말을 하려고 하는구나' 하고 경계하면 된다.

(2) 눈 맞춤을 피한다.

아이들이 거짓말을 할 때에는 어른과 눈을 마주치는 것을 피한다. 그럴 때에는 일단 다 듣고 난 후에 추궁하면 된다.

(3) 손가락을 꼬거나 손을 비비거나 팔을 등 뒤로 감춘다.

아이들이 서서 이야기할 때에는 자세에 어색함이 드러난다. 평소에 안 그러던 아이가 갑자기 자세가 이상해지고, 말을 더듬거리고, 눈을 피하려고 하면, '이 애가 좀 이상하다'라고 생각해보라.

아이들이 거짓말을 의도적으로 하려고 할 때에는 부모가 어떻게 대응해야 될까?

간단하다. 아이들은 부모에게 거짓말을 할 때 딱 한 수만 준비한다. 거짓말 그 자체다. 다른 이유를 준비하지 못한다. 그러므로 이렇게 하면 된다.

"그래서? 어떻게 됐지?"

"그래서 그 다음에는?"

난정이네는 셋집에 살고 자동차 차고가 없다. 그래서 그 벤츠를 갖다 둘 곳이 없다. 그럼에도 거짓말할 때에는 차를 어디에 갖다 두었다고 말할지를 미리 준비하지 못한 것이다. 그러니까 세 수만 넘어가면 거짓말이란 것을 실토하게 되어 있다.

"그거 재미있구나. 그 다음에는 어떻게 됐어?" 하며 자꾸 물어보면 스스로 자백하게 되어 있다.

"너 벌써부터 엄마를 속이려 들어? 어따 대고 거짓말을 해? 네 아빠는 속여도 난 못 속인다."

"어린 놈이 거짓말부터 배워? 누가 거짓말하라고 가르쳤어?"

"내가 아이 교육 헛시켰구먼. 과외 공부고 뭐고 다 집어치워."

이런 식으로 대응하면 안 된다. 이런 아이들을 다스리는 원칙은, 논리적으로 타이르거나 스스로 사과하게 하거나 왜 그런 거짓말을 하게 되었는지를 밝혀서 대처해주는 것이 더 교육적이다. 아이는 어디까지나 아이이니까.

엄마가 죽었으면 좋겠어

아이의 말을 곧이곧대로 듣고 해석하면 안 된다. 말의 이면에 숨어 있는 의미를 알아내야 한다. 필자가 대학에 재직하고 있을 때, 여교수 한 분이 아이(초등학교 5학년 여학생)의 일기장을 들고 찾아왔다. 일기 내용에 "나는 우리 엄마가 죽었으면 좋겠어"라고 적혀 있었다. 한 권의 일기장에 여러 번 언급되어 있었다. 그 엄마가 너무도 놀란 나머지 상담을 하러 찾아온 것이었다.

자초지종을 물어보고 가족원 간의 역학 관계(力學關係)를 알아보았더니 해답을 얻을 수 있었다. 일이 이렇게 된 것이었다. 이 딸아이가 조숙해서 이미 사춘기에 들어서고 있었다. 아빠와 엄마는 금실이 보통 좋은 사이가 아니었다.

딸아이는 아빠를 몹시 좋아하는데, 엄마가 아빠를 독점하고 있어서 비집고 들어갈 틈새가 없었던 것이다. 그래서 아빠와 자기 사이에 장애물이 되고 있는 엄마가 원망스러웠고, '엄마가 죽었으면' 하는 심정이 되었다. 이런 사정을 모르고 대처하면 얼마나 큰 비극이 벌어질지 모를 일이다.

"나 배 아파"는 "학교 가기 싫어"라는 뜻이다

성적이 안 오른다. 내일 시험이다. 학교 숙제를 못 했다. 보기 싫은 친구가 있다. 선생님도 꼴 보기 싫다. 그래서 오늘은 학교 가기 싫은 것이다. 그래서 아침에 일어나서 아침밥을 먹으려고 하는데 갑자기 배가 아파오는 것이다. 꾀병이다.

이럴 때 눈치를 채면 이유를 차근차근히 물어보면 된다. 그날 학교에 안 가고 싶은 이유가 반드시 있을 것이다. 이럴 때에도 아이를 다그치지 말고 달래서 물어보고 해결해준다.

이렇듯 아이들의 말에는 가끔 해독(解毒)을 해야 할 내용이 담겨 있음을 이해하고 도덕적 판단이나 선악의 기준으로 단죄해서는 절대 안 된다는 것을 명심한다.

그림 속의 외침을
주의 깊게 보아라
2

그림 한 장의 충격

아이들이 집에서 무심코 그린 그림 한 장도 소홀히 보지 말아야 한다.
낙서 속에도 어떤 의미가 있을 수 있듯이, 그림 한 장에도 의미가 담겨
있는 경우가 있다.

우연히 아이가 스케치북에다가 뭔가 긁적거리고 있는 것을 본 엄마가
깜짝 놀랐다. 여자 얼굴 그림을 그려놓고 거기에 녹청색을 칠해두었던
것이다.

"이런 사람이 어딨어? 무슨 피에로도 아니고. 왜 이렇게 시퍼렇게 칠
했어? 이게 누군데?"

"엄마야."

"너 정신 나갔어? 더구나 엄마 얼굴에 이게 뭐야?"

"그냥 그렇게 그리고 싶었어."

그 엄마가 그림을 가지고 필자를 찾아왔다. 아이를 데려오라고 했더

니 아이는 데려오지 않았다. 그래서 초등학교 5학년 남자 아이인 이 그림의 작자를 그 후 별도로 만나게 되었다. 아이의 이야기를 들어보자.

"우리 엄마는요, 말로는 날 사랑한다고 그래요. 그런데 우리 엄마는 누나하고 동생만 예뻐하고 나한테는 관심이 없어요. 뭐 사달라고 하면 누나하고 동생 말은 금세 들어주고, 내 요구는 한참 지난 후에 겨우 들어주기도 하지만 안 들어주는 일이 더 많아요. 그래서 가끔 엄마가 보기 싫을 때가 있어요."

이것이 그 아이의 하소연이었다. 그래서 엄마와 통화하며 이렇게 조언해주었다.

"어머니, 오늘 아이가 학교에서 돌아오거든 아이를 꼭 껴안아주시고 볼을 비벼주시면서, 낮은 목소리로 부드럽게, '우리 민수, 엄마가 널 얼마나 사랑하는지 넌 잘 모를 거야. 사랑해, 우리 민수'라고 해주세요."

그 후 아이에게 어떤 변화가 있었는지는 몰라도 틀림없이 엄마의 태도에는 변화가 있었으리라고 생각한다.

그림 읽는 방법 : 원리

어린아이들이 자유롭게, 감시 없이, 특별한 지도 없이 그리는 그림이 학교에서 그린 그림이나 미술 학원에 다니면서 그린 그림보다 아이들의 진심을 더 잘 나타낸다. 그래서 자유롭게 그린 그림을 중심으로 아이들의 마음을 읽는 방법을 소개하려고 한다.

(1) 아이들의 그림은 아이들의 언어(말)를 대신하는 표현 수단이다.

어린아이들이 그려놓은 그림이 어른이 보기에 명확하지 않아도, 그 속에는 말을 대신하는 의미가 숨겨져 있다. 만 두세 살 된 아이가 흰 종이나 벽이나 방바닥에 크레파스나 크레용으로 막 갈겨놓은 동그라미는 그냥 동그라미가 아니다. 동그라미를 그리려고 그린 것이 아니다. "엄마! 나 안아줘"를 의미하는 것이다. 아니면 "엄마, 나 예뻐?"를 의미하기도 한다. "엄마, 나 엄마 좋아해"를 말하는 것도 된다.

그림의 발달 수준과 어린아이의 언어 발달 수준은 같이 간다. 그림의 내용이 복잡해질수록 말의 내용과 의미도 복잡해지고 있음을 말해주는 것이다. 그림의 내용이 복잡해졌다는 것은 그만큼 세상을 보는 눈이 발달했다는 것을 말한다. 그래서 낱말도 늘고, 문장도 그만큼 길고 복잡해졌다는 것을 말한다. 예를 들어, 동그라미 몇 개를 그리던 아이가 세모, 네모도 그리고, 타원도 그리고, 사선도 그리고, 체크무늬도 그리고, 나선형도 그리게 되었다면, 말도 단순히 "엄마 아빠, 뚜뚜 빵빵"에서 "엄마 차 타고 나가"로 자란 것이다.

(2) 그림은 아이들이 가지고 있는 개념이나 겪은 생활 경험을 반영한다.

아이들의 그림을 보면, 그 아이가 주변 사물에 대해 어느 정도 정확한 인식을 가지고 있는지, 그동안 어떤 경험을 겪고 살아왔는지를 알 수 있다. 경험이 얼마나 풍부한지와 어떤 종류의 경험을 하고 살았는지를 알 수 있다.

(3) 그림은 아이의 자신에 대한 이미지(자아상)를 나타낸다.

아이들이 그림을 그릴 때 먼저 머릿속에 어떤 이미지를 떠올린다. 즉, 내심(內心)으로 먼저 그림을 그리는 것이다. 그리고 그중에서도 사람의 이미지가 중심이 된다. 그런데 그 인물의 이미지가 결국은 자신의 모습일 때가 많다.

예를 들어, 유명한 화가가 그린 인물화를 보면 화가 자신의 얼굴과 닮은 인물을 그리는 경우가 많다. 그 까닭은 자기 눈에 비친 인물상이 뇌로 전달되고 그 상이 심상(이미지)이 되고, 그것이 마음속의 인물 모델이 된다. 그 모델이 곧 자기 자신인 경우가 대부분이다. 그래서 그림 속에서 아이가 가진 자아상을 읽을 수 있다.

(4) 그림은 창조적 사고의 소산물이다.

아이들의 그림에는 기발한 점이 너무 많다. 자기만의 아주 독특한 데생, 스케치, 색채, 주제가 반영되고 있다. 아주 개성적이다. 아이들의 그림에는 선입견이나 편견이 없다. 순수한 자기표현인 경우가 대부분이다. 거기에는 자기의 독특한 욕망, 소망, 문제 인식, 성격 특징, 자아상이 드러나 있다.

(5) 그림은 아이들의 욕구의 표현이다.

아이의 그림을 보면, 아이가 어떤 생리적 욕구, 심리적 욕구, 사회적 욕구를 가지고 있는지를 읽을 수 있다.

(6) 그림은 아이가 자기가 살고 있는 환경에 대한 반응을 보여준다.

가정환경, 가족 관계, 학교생활에 대한 태도, 친구 관계 등을 잘 나타낸다. 갈등을 겪고 있는지, 반항적인지, 불안한지, 행복한지를 나타낸다.

(7) 그림으로 아이들의 무의식 세계와 정신병리도 알아낼 수 있다.

아이들은 그림 속에 무의식적 동기, 욕망, 꿈, 성취하지 못한 소원, 갈등, 정신적 문제 등을 드러낸다.

이런 점을 감안해서 그림을 유심히 살피고 분석해서 아이들 마음의 진실을 읽어주기 바란다.

그림을 읽는 틀

(1) 구도를 보자.

어린아이가 그린 그림의 구도를 보면, 그것이 심리적 투영(投映 : 마음 속에 있는 본인은 잘 알지 못하는 감정 같은 것을 그림 속에 나타내는 것)일 때가 많다. 그래서 구도를 잘 분석해보면, 의외로 아이의 내심을 들여다볼 수 있다. 이것이 그림 읽기의 첫걸음이다.

(2) 색채를 읽자.

그림에 나타나는 색채란 보통 우리가 일상적으로 말하는 색채의 의미와는 다르다. 그림에 사용된 색채는 자아 기능[자기가 어떻게 작동(作動)하는지를 말함]과 존재 기능(삶이 어떻게 작동하는지는 말함)을 나타낸다. 즉, 색채로서 자기주장, 자기부정, 배고픔, 배설 문제 등과 같은 자기 기능과 삶의 활기, 무기력함, 죽음, 질병과의 투쟁 등 존재 기능이 나타낸다. 색채 하나하나가 정서와 밀접한 관계가 있음을 알 수 있다.

(3) 주제 혹은 내용

그림의 주제나 내용은 자기의 의식 내용, 관심사, 세상에 대한 개념,

그리고 자기의 일상적 삶의 반영, 방어기제를 나타낸다.

(4) 그림의 화선(畵線)

그림을 그릴 때 크레용이나 크레파스나 펜의 흔적과 움직임을 보면, 그린 사람의 마음의 궤적(軌跡)을 읽을 수 있다. 그 속에 아이의 성격이 잘 나타난다.

구도(構圖)를 읽는 방법

(1) 구도는 투영의 흔적이다.

아이의 그림을 보면, 80퍼센트는 자기의 얼굴, 자기의 몸을 투영한다는 것을 알 수 있다. 나머지 20퍼센트 정도는 자기 집, 학교, 자기를 둘러싸고 있는 환경을 투영한다. 구도에는 그림의 중심 주제, 대상의 위치가 좌우상하 어느 쪽에 치우쳐 있느냐, 또한 공간 배치가 어떻게 되어 있느냐로 아이가 그림에 무엇을 나타내려고 했는지 알 수 있다. 그림을 자세히 들여다보면, 30~40퍼센트는 자기 얼굴을, 30~40퍼센트는 자기 몸을, 나머지 20~30퍼센트 정도는 환경을 그린 그림이다.

(2) 색채로 진단하는 아이의 정서와 병리 현상

중요한 색채의 사용을 보고 그 의미를 찾아보자. 그림의 중앙부에 많이 사용하거나 가장 눈에 띄는 색채를 중심으로 해석하면 다음과 같다.

- **하양** : 경계심과 실패감
- **검정** : 공포심, 어머니의 신경질적인 반응
- **빨강** : 불만, 비난, 공격, 건강하고 활기참
- **주황(오렌지)** : 극도의 애정 결핍
- **노랑** : 애정의 적극적 요구
- **갈색** : 욕구, 식욕, 물욕, 독점욕
- **녹색** : 허약, 피로, 비애(슬픔)
- **파랑** : 의무감, 복종, 순종
- **보라** : 질병, 상처와 그로 인한 영향
- **분홍(핑크)** : 마음이 아픔, 열감이 있음
- **회색** : 불안(검정의 대용)

(3) 내용, 주제

- **태양** : 아버지
- **꽃** : 어머니
- **정면으로 향한 꽃** : 아버지
- **비행기, 집, 빌딩, 코끼리, 기린, 튤립, 고래, 자동차, 귀신, 말**
  : 어머니
- **개, 개미, 나무, 집, 탱크, 사람** : 본인
- **깃발, 동그라미, 문어, 산, 등대, 거북** : 어머니

(4) 화선(畵線 : 그림의 선)

- ☺ **선이 딱딱하다** : 긴장되어 있다.
- ☺ **선이 부드럽다** : 신경질이 나 있다.
- ☺ **선이 흔들리고 있다** : 초조하다.
- ☺ **직선이 많다** : 결단력이 있다. 안정감이 있다.
- ☺ **크레파스를 많이 눌러서 그렸다** : 내적 에너지가 강하다.
- ☺ **크레파스를 살짝 눌러서 그렸다** : 내적 에너지가 약하다.
- ☺ **그림을 빨리 그렸다** : 충동성이 높다.
- ☺ **나선형이 많다** : 마음의 해방을 바란다.
- ☺ **빗금, 사선이 많다** : 불안감이 있다.
- ☺ **가로 선이 많다** : 침착하다.
- ☺ **세로 선이 많다** : 독단적이다.
- ☺ **원형이 많다** : 소유욕이 강하다.

(5) 기타 특징

- ☺ **보라색을 많이 쓴다** : 갈등이 심하며, 몸에 이상이 있다.
- ☺ **빨강과 갈색의 혼합** : 빈곤하다.
- ☺ **검정과 빨강, 혹은 검정과 노랑의 혼합** : 부모의 상태에 문제가 있다.
- ☺ **검정** : 부모의 엄격한 통제와 관련이 있다.
- ☺ **빨강과 녹색의 혼합** : 성적 호기심을 가지고 있다.
- ☺ **보라와 노랑** : 질병 상해, 그로 인한 고독감, 암 등의 징후를 말한다.

아이 소지품의
의미를 파악해라

3

아이들이 과연 어떤 일에 관심과 흥미가 있는지를 알면 아이와의 관계를 개선하는 데 도움이 되고, 말이 통할 수 있다. 왜냐하면, 그것을 소재로 이야기를 걸 수 있기 때문이다. 그래서 부모는 가끔 아이들의 소지품을 점검해보면 좋다. 그러나 비밀로 해야 하고, 대화를 할 때도 그 사실을 숨겨야 한다.

아이들이 읽는 책은 가장 알고 싶은 세계를 반영한다

아이들이 용돈이 생겼을 때 어떤 책을 사서 읽는지, 친구한테 빌려서 보는 책에는 어떤 것이 있는지, 도서관에서 빌린 책에는 어떤 것이 있는지를 유심히 살펴볼 필요가 있다. 아동소설·동화·동시와 같은 책인지(문학), 자연이나 기술에 관한 책, 예컨대 태양·천문·동식물·기계나 로봇과 같은 것인지(과학과 기술), 음악·미술·건축·영화에 관한 책인지(예술), 아니면 스포츠에 관한 책인지를 살펴보라. 때로는 만화책만 잔뜩 빌려놓았을 수도 있고, 때로는 외설물도 있을 것이다.

아이가 많이 읽는 책은 그 아이의 관심, 흥미, 호기심의 세계를 반영한다. 어떤 책을 얼마나 많이 읽는지를 물어보기도 하고, 책꽂이에 꽂혀 있는 것을 확인해보면 된다. 때로 외설적인 것은 책상 서랍에 넣고 잠가두기도 한다.

아이가 어떤 분야에 관심을 가지고 있으며 흥미와 열정을 가지고 있는지를 알면 도와줄 있다. 어떤 분야를 너무 지나치게 본다든지, 어떤 분야에는 전혀 관심이 없다는 것을 알면 정확히 지도할 수 있다.

어릴 때의 이런 독서 성향이 나중에 전공 분야를 결정하고 흥미 영역을 넓혀가는 데 중요한 자원 구실을 한다. 이것으로 아이의 적성도 점칠 수도 있고, 진로지도에도 도움이 된다.

좋아하는 장난감에는 어떤 것이 있나 살펴본다

아이가 주로 가지고 노는 장난감, 좋아하는 장난감, 특별히 아끼는 장난감에는 어떤 것이 있는지를 살펴본다. 장난감이 커서 직업에 관계되는 예도 있다. 어릴 때 플라모델 장난감을 수집하더니 어른이 되어서도 자동차가 너무 좋아 자동차 판매 딜러가 되었다거나, 현미경을 사달래서 사주었더니 유명한 생명공학가가 되었다거나, 카메라를 좋아해서 사주었더니 세계적인 사진작가가 된 한국인도 있다. 에드워드 김이 그분이다. 기타를 사달래서 사주었더니 결국 유명한 기타리스트가 되었다는 이야기는 흔하다. 좋아하는 장난감에는 아이의 흥미가 반영되어 있을 뿐 아니라 적성과도 관계가 있어서 유심히 관찰해두면 도움이 된다.

수집품에 유의하라

아이들의 수집품에는 우표, 스티커, 플라모델(조립 모형), 인형, 머리핀, 연필, 필기도구 등 별의별 것이 다 있다. 여기에는 아이의 취미도 반영되지만, 허영·모방·과시 행동 등도 반영된다. 그래서 돈이 들기 때문에 그걸 수집하느라 부모에게 거짓말도 하고, 부모 몰래 돈을 훔치기도 한다.

때로는 아이들이 가지고 있어서는 안 될 성인용품이나 아주 비싼 물건이 들어 있는 경우도 있다. 때로는 위험물에 해당되는 것도 있을 수 있다. 예컨대 화약류 같은 것도 있다. 그래서 한 학기에 한두 번 정도는 아이의 책상을 뒤져봐야 한다. 다만 뒤졌다는 흔적을 남기지 않도록 주의해야 한다. 그래서 뒤지기 전에 원상태를 잘 기억해두었다가 그대로 복원해두어야 한다. 그렇지 않으면 난리가 난다. 또 주의해야 할 것은 뒤졌다는 말을 해서도 안 된다. 완전히 비밀로 해야 된다.

그 결과를 어떻게 처리하면 좋은가

- 아이의 소지품을 뒤진 후에는 그 내용에 관해서 절대로 비밀로 해야 된다.
- 문제점이 있으면 부모가 의논해서 처리 방법을 강구한다.
- "네 책상 서랍을 한 번 볼 수 없니?"

"왜? 절대로 안 돼."

대개는 이렇게 나온다. 그러면 비유를 사용한다.

"엄마 친구한테 들은 이야기인데, 아들 책상 서랍에서 화약이 나왔다잖아. 그래서 그 엄마가 놀라서 경찰에 신고를 했대. 넌 안 그렇겠지만, 책상 서랍 속에 이상한 것 넣어두지 마라. 그 이야기 듣고 네 책상 서랍 한번 보고 싶더라."

이 정도로 말해두면 스스로 그런 불온한 것이나 위험물을 치우게 될 것
이다.

■ 그리고 한참 후에 다시 점검해보는 것이 좋다. 음란물, 돈, 위험물, 고가
의 물건 등이 있는지를 점검하는 것이 좋다. 비유로 하거나 넌지시 돌려
서 말하는 것이 좋다.

일기장을
가끔 확인해라
4

일기장 속의 진실

아이들이 좀 크면 부모와 의견 충돌을 빚는 수가 있다. 초등학교 1학년만 되어도 입을 옷, 신발, 학용품을 살 때 자기 의견을 정확하게 말한다. 엄마는 이때 예쁘기는 해도 너무 야하다거나 값이 비싸다는 이유로 견제를 한다.

"애, 그것 입고 가면 학교에서 아이들이 흉봐."

"어떤데? 나 좋으면 됐지." 이렇게 아이들은 개성화되어간다. 그러나 어른들은 아무래도 다른 집 엄마의 눈치를 봐야 하니까, 비싼 것 입혔다'든가 너무 어른스러운 것을 사줬다는 소리를 안 듣고 싶은 것이다.

이런 이야기에서부터 아이들이 부모에 대해 갖는 감정, 하고 싶어도 하기 어려운 말, 숨겨두고 싶은 이야기, 나중에 노출되어도 괜찮지만 지금은 안 되는 남자 친구나 여자 친구 이야기를 일기에 쓴다. 일기는 다음과 같은 내용을 솔직하게 담을 가능성이 있다.

- 자기의 고민거리

- 불안과 공포

- 대인 관계에서 오는 갈등과 즐거움

- 장래의 희망과 계획

- 자신에 대한 평가와 좌절감

- 부모에 대한 불만과 저항

- 세상에 대한 원망과 저항

- 숨기고 싶은 사건과 이야기

- 학교와 교사에 대한 불만과 항의

그래서 부모는 가끔, 한 학기에 한 번 정도는 아이 몰래 일기장을 들춰볼 필요가 있다. 어떤 경우에는 그 속에 자살에 대한 충동이나 계획을 적어놓을 수도 있다. 이때에는 누군가 이 일기장을 봐주기를 바라면서 썼을 가능성이 있다.

일기장을 들춰볼 때의 주의 사항

다만 아이들의 일기장을 들춰볼 때에는 안 들키게 보아야 한다. 그리고 보고 난 후에도 그 내용이 아주 긴급한 내용이 아니면 봤다는 이야기를 발설해서는 안 된다. 그 이유는 아이들이 부모를 불신하게 되기 때문이다. '아빠, 엄마는 스파이야? 나를 못 믿는다는 증거 아냐' 하고 대들지도 모르고, 논리적으로 항의할지도 모른다. 여러 가지 부작용이 생기기 때문에 절대로 들켜서는 안 된다.

일상적으로 부모와 아이 사이에 소통이 잘되어 있으면 문제가 적지만, 그렇지 않은 경우 일기장을 훔쳐봤다는 것 때문에 관계가 더 나빠질 수도 있다. 그래서 일기장을 볼 때에는 원래 상태를 잘 눈여겨보아 두었다가 그대로 원상회복을 해두어야 한다.

또 부모에게 크게 거슬리는 내용이 아니면 무시하고, 아이에게 정신적으로 문제가 심각해 보이는 내용은 밥 먹으면서, 텔레비전 보면서, 차나 과일을 먹으면서 슬쩍 그 내용을 꺼내보는 것이다. 일기에 남자(여자) 친구 이야기가 있는데 그 이성 친구 때문에 고민이라는 아이를 보고 엄마가 "요즘 너 엄마한테 말하고 싶은 이야기 없니?" 하면 아이가 긴장한다. 이때 아이는 숨기려 할지 모른다. 그런데 엄마가 이렇게 말하는 것이다.

"요즘 애들 남자 친구(이성 친구를 말함)하고 싸우고 헤어졌다가 금방 새로운 친구 만들었다가 또 헤어지고, 서로 싸우고 울고불고 안 하면서 잘도 이별하더라. 좋은 세상이지 뭐. 우리 때는 어림도 없었어. 연애편지 주고받는 거 학교에서 알면 정학이었으니까 말 다했지 뭐. 요즘 아이들 행복한 편이야. 자유롭게 살고, 생각하고, 표현하고, 연애도 마음대로 하고……."

이쯤 해두면, 아이가 덩달아 뭔가 말하게 될 것이다.

"네 일기장을 보니까 끔찍스럽더구나. 아직 공부도 안 끝났는데 연애는 무슨 연애야?"

이런 식이면 싸움이 난다. 조심해야 한다. 일기는 기술적으로 들춰보아야 한다.

07

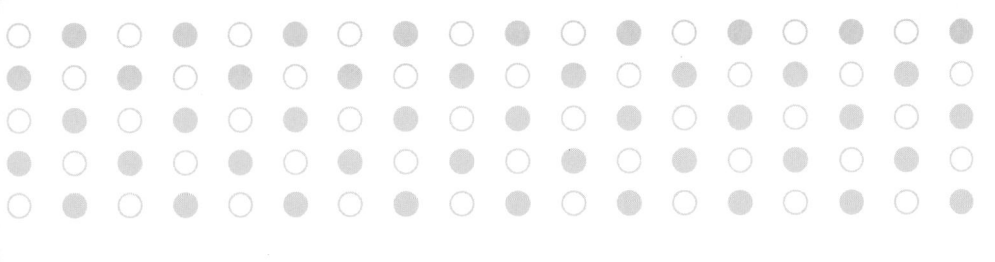

아이를 사랑하는 기술

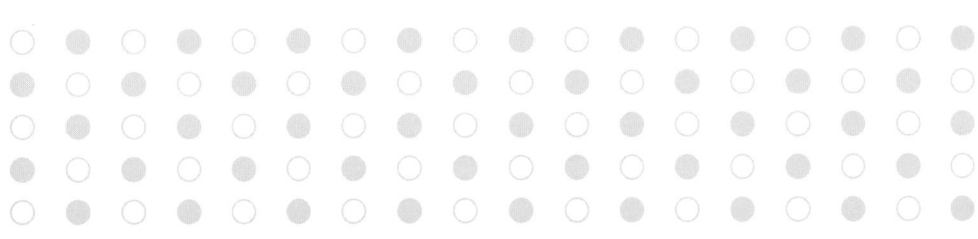

자녀를
사랑하는 방법
1

부모의 사랑은 무한대다

사랑만큼 위대한 정신적 힘을 가진 것은 이 세상에 없다. 사랑 때문에 죽기도 하고, 사랑 때문에 죽었다가 살아나기도 한다. 기독교 《신약성경》 복음서에 보면, 예수는 제자들에게 "너희는 원수를 사랑하라. 너희를 저주하는 자를 위하여 축복하며, 너희를 모욕하는 자를 위해 기도하라"라고 가르쳤다. 또 "네 이웃을 너 자신처럼 사랑해야 한다"라고 강조했다. 그리고 베다니에서 마리아의 오라버니 나사로를 살린 일 등 사람의 병을 고치거나 죽은 사람을 살린 기록이 실려 있다. 사랑을 몸소 실천한 것이다.

불경에도 "부모의 크나큰 은혜는 아무리 노력해도 다 보답할 수 없다. 설령 백 년 동안 오른쪽 어깨에 아버지를, 왼쪽 어깨에 어머니를 태우고 다녀도 그 은혜를 다 갚을 수는 없다"라고 부모 은혜의 깊이를 말하고 있다.

유교의 가르침은 《사자소학(四字小學)》에 잘 나와 있다. "아버지께서 나를 낳아주시고, 어머니께서 나를 길러주셨다. 어머니께서는 배로써 나를 품어주시고, 젖으로 나를 먹여주셨다. 옷으로 나를 따뜻하게 하시고, 밥으로써 나를 배부르게 해주셨다. 부모님 은혜는 높기가 하늘 같고, 은덕의 두텁기는 땅과 같다. 사람의 자식 된 이로서 어찌 효도를 하지 않을 수가 있겠는가?"

이렇듯, 사랑 중에서도 부모의 사랑만큼 위대한 것이 없다. 특히 어머니의 사랑은 위대하다. 그런 이야기는 무수히 많다. 아주 특이한 경우가 아니어도 우리 어머니들의 자식 사랑은 한마디로 '목숨을 건 사랑'이라고 할 수 있다. 아기를 낳다가 죽는 어머니도 있고, 화염 속에서 아이만 살리고 자기는 희생된 어머니도 있다.

그런데 그런 부모의 위대한 사랑도 왜곡되거나 변질되거나 불순해지면 이것만큼 큰 재앙이 없다. 사랑한다는 미명 아래 아이들을 자기 손아귀에 넣고 전제적으로 통제하고 명령과 금지로 일관하거나, 반대로 아이에게 노예가 상전 대하듯이 쩔쩔매는 사랑 속에 크는 아이가 온전한 인간으로 성장할 수 있을까?

"내가 너를 얼마나 사랑하는데. 너는 그 심정을 몰라. 너 없이 엄마는 못 살아. 그러니 내가 하자는 대로 하면 아무 문제 없어. 말 잘 들어."

사랑한다는 명분 아래 아이에게 쩔쩔매고 숨죽이고 사는 부모는 또 어떤가?

"오냐오냐, 그래그래, 너는 나의 모든 것이야. 너 없이는 사는 보람이 없어. 그래 뭐든 말해. 있는 것 없는 것 다 팔아서라도 너 뒷바라지할게."

남편과 사이가 안 좋은 상태에서 낳은 아이를 미워하는 어머니도 있다.

"저걸 내가 왜 낳았을까? 이럴 줄 알았으면 석 달 되기 전에 지웠어야 했는데."

요즘은 아이에게 자유를 주되, 자기도 자유롭게 살자는 뜻에서 아이가 하는 일에 무관심한 부모도 있다.

"자식이 부모 뜻대로 되기나 하나? 제 운명 타고나는 거지 뭐. 오히려 내버려 두니 더 잘되더라."

이런 반응은 모두 잘못된 사랑법이다. 이런 극단적인 사랑법은 아이가 일생을 살아가면서 여러 가지 질곡을 겪을 때마다 순조롭게 문제를 해결하지 못하고 위기로 치닫게 되는 원인이 되기도 한다. 중요한 것은, 아이가 어른이 되어서 옛날을 회상할 때 이렇게 말할 수 있어야 한다는 것이다.

"아! 나는 정말로 행복했어. 우리 아버지 어머니가 따뜻하고 부드러운 사랑과 정을 듬뿍 주셨거든. 그래서 나는 행복했고 지금도 그 힘으로 행복하게 살아가고 있지."

이런 사람이 진정으로 행복한 사람이다.

부모의 사랑만큼 중요한 비타민은 없다

발달심리학 연구에서 의견일치를 보는 결론은, 어릴 때 부모의 건강한 사랑을 충분히 받고 자란 사람은 성장해서 어려움에 부딪혀도 극복해가는 힘과 실패했어도 좌절하지 않고 재기하는 힘을 갖게 된다고 한다. 어릴 때의 사랑 경험이 굉장한 기초 영양이 된다는 것은 중요한 사실이다.

자녀에게 온전한 사랑을 줄 수 있으려면 부모는 다음을 명심해야 한다.

(1) 무엇보다도 아이들이 신뢰할 수 있는 어른이 되어야 한다.

모든 부모가 다 똑같은 정도로 자녀를 사랑할 수 있는 것은 아니다. 다 제각기 사정이 다르기 때문이다. 그러나 아이들은 부모만큼 자기를 든든하게 지켜줄 사람이 없다고 믿는다. 일제 치하에서 어린 시절을 보낸 사람들이나, 제2차 세계대전이나 6.25사변을 겪은 사람들은 당시 먹을 것이 부족해서 별의별 것을 다 먹어본 경험이 있다. 이때 대개의 어머니는 시부모와 자식 먹이느라고 자신은 굶을 때가 많았다.

"얼른 먹어라. 나는 속이 안 좋아서 좀 있다가 먹을란다."

실은 먹을 것이 없었던 것이다. 그런 사랑이 옛날 우리 어머니의 사랑이었다. 한마디로, '자기희생적 사랑'이었다고 할 수 있다.

지금은 그런 상황이 아니지만 부모는 언제나 아이들에게 신뢰감을 줄 수 있어야 한다. 즉, 믿을 수 있는 인간이어야 한다. 인간은 태어나서 어느 정도 성장할 때까지는 보호자로부터 대가 없는 보호를 받을 수 있어야 한다. 미국의 정신의학자인 에릭슨(Erik Homburger Erikson, 1902~1994)은 이것을 '기본적 신뢰감'이라고 했다. 보호자에게 기본적인 신뢰감을 가져보지 못하고 자라면 나중에 여러 가지 정신적인 문제를 안고 살게 된다고 했다.

기본적 신뢰감이란, '내가 필요로 할 때 거기에 있어주어서 내가 의지할 수 있다는 것을 아는 감정'이다. 내가 필요로 하는 바로 그때 그 자리에 없다고 하면 아이는 누구를 믿고 살아야 하나?

또 한 가지는, 스스로 가치 있는 존재라고 느끼지 못하고 자란 사람은 남을 신뢰하지도 못하고, 희망도 잃게 된다. 남에게 사랑을 줄 줄 모르는 매정한 사람이 되기 쉽다.

아이들이 부모에 대해 이와 같은 신뢰감을 경험하고 자라면 자기 가치감(feeling of worthfullness)을 갖고 살게 된다. '나도 쓸 만한 사람이구나' 하는 감정을 '자기 가치감'이라고 한다. 기본적 신뢰감을 갖고 살아온 사람은 언제나 자기 가치감과 희망을 안고 살 수 있다. 세상이 어떻게 변해도 나는 의지할 사람이 있다든지, 나도 뭔가 보람 있는 일을 할 수 있다든지 하는 자신감을 갖고 살게 된다. 이렇게 신뢰할 수 있는 부모가 되려면, 부모가 먼저 아이를 믿어야 한다. 그리고 아이를 진심으로 사랑할 줄 알아야 한다. 가식적으로 사랑하는 척하면 아이는 금세 알아차린다. 무엇보다도 '너도 뭔가 가치 있는 사람이다'라는 느낌을 줘야 한다.

(2) 먼저 "내가 아이를 진심으로 사랑한다"라는 감정을 잡는다.

부모들은 가끔 별로 사랑하는 느낌도 없으면서, "얘, 엄마가 널 얼마나 사랑하는지 모르지? 죽도록 사랑해"라고 한다.

말은 그렇게 하면서 표정이나 눈초리는 속으로 '미워죽겠다' 싶은 감정이 숨겨져 있는 경우가 있다. 아이는 네 살만 되면 그런 눈치쯤은 갖고 있다. 아이를 속일 생각은 말아야 한다. 남편이나 시부모와 갈등을 겪고 있어서 사랑이 위기에 처해 있으면, 아이가 불쌍해지기 시작하고, 나중에는 남편을 닮은 아이마저도 미워하게 된다. 말로는 표현 못하지만 마음속으로 미움이 가득한 경우, 그 속내가 드러나게 된다.

"엄마는 날 예뻐하지도 않으면서 말로만 사랑한다고 그래, 안 그래?"

이런 상황은 언제 어디서나 관찰할 수 있다. 사람이 아무리 자기 자식이라 하더라도 24시간 내내 사랑을 표현할 수는 없지 않은가? 인간의 감정만큼 기복이 심한 것은 없다. 그러니 24시간 사랑한다는 것은 쉽지 않다. 그러나 중요한 것은, 부모가 진심으로 아이를 사랑하는 감정을 일상적으로 가지고 있어야 한다는 점이다.

그렇다면 사랑하는 감정을 어떻게 잡을 것인가? 마음속으로 이렇게 자기암시를 한다.

"○○야, 나는 너를 정말로 사랑해. 내 목숨을 바쳐서라도 너를 사랑해. 어떤 일이 있어도 너를 사랑할 거야."

속으로 미워하면서도 입으로만 '사랑해' 하면 아이들이 눈치를 챈다. 엄마의 사랑은 가짜라는 것을 간파한다. 그런 일이 생기지 않도록 하려면 자기암시를 걸고, 사랑의 감정을 잡아야 한다. 배우나 연기자가 감정을 잡듯이, 이것도 훈련해야 된다. 그러면 먼저 표정부터 바뀐다. 긴장된 눈초리도 풀리고, 말소리도 부드러워진다.

(3) 꼭 껴안아주고 나직한 목소리로 속삭이듯이 말한다.

아주 어린 아이(2~4세 아이)들은 어깨를 폭 감싸면서 안아주면 좋다. 아이의 눈높이로 자세를 낮추고서 부드럽게 톤을 낮추어 아이의 이름을 부르며 말한다.

"성은아, 엄마가 너를 사랑해. 우리 성은이는 정말로 예뻐."

그리고 볼을 비벼준다. 이것만으로도 아이는 사랑을 느낀다.

유치원에 다니는 아이나 초등학교 저학년 아이의 경우 꼭 껴안아주고 등을 툭툭 두드려주면서 말한다.

"엄마(아빠)는 널 정말로 사랑한다. 우리 정미가 잘 커줘서 고마워."

초등학교 상급 학년 아이들 같으면 어깨를 감싸주면서 웃는 얼굴로 말한다.

"윤석아, 엄마(아빠)는 너 믿고 살지 않니? 사랑해. 착한 우리 윤석이."

중·고등학생 나이의 아이들은 아들과 딸에 대한 표현 방법을 바꿔야 한다. 아들의 경우 어깨를 툭 치면서 씩 웃고 이렇게 말한다.

"야, 이 녀석 봐. 이젠 엄마(아빠)보다 한 뼘이나 더 컸잖아? 아이고, 대견해. 믿음직스러워. 네가 우리 집 기둥이다. 우리는 너 믿고 산다. 네가 잘되는 것 보는게 우리의 최대 소망이야. 아빠 엄마는 널 몹시 사랑해."

딸아이의 경우는 두 손을 잡고, 눈을 맞추고, 웃으면서 말한다.

"영희야, 네가 언제 이렇게 커버렸니? 대견스럽다. 우리 사랑스러운 딸, 할 말이 있으면 언제든지 해. 너를 사랑하는 마음 하늘만 하다."

이런 기술을 터득하고 있으면 그 효과는 헤아릴 수 없을 정도로 확산되어간다.

(4) 사랑은 접촉 효과다.

사랑은 단순히 스킨십(피부 접촉)이 아니다. 그것은 콘택트십(contactship)이다. 즉, 접촉 효과다. 사랑은 피부의 접촉, 말의 접촉, 눈길의 접촉(눈높이), 감정의 접촉을 통해서 만들어지고 전달되는 것이다.

사랑은 아이들과 물리적 거리가 가까워야 전달된다. 안아주고, 토닥거려주고, 손 잡아주는 접촉을 통해 효과적으로 전달된다. 아이들과 멀리 떨어져 있으면서 사랑을 전하기란 불가능하다. 서양 속담에 "out of sight, out of mind" 혹은 "out of place, out of mind"라는 것이 있는데, 서로 자주 못 보면 마음도 멀어진다는 말이다. 빈 시간에는 어떤 형태로든지 아이들과 접촉하는 방법을 생각해본다. 거실에서 서로 스치고 지나가면서 가볍게 어깨를 치면서 찡긋하고 윙크를 해준다든지 하는 것도 좋은 방법이다.

그러고는 말을 주고받아야 사랑이 전해진다. 가정 안에서 자녀와 행복하게 살아가려면 대화를 잘해야 한다는 것을 알고 있지 않은가? 그리고 부모의 일방적인 지시나 명령, 신문(訊問)조의 말투, 아이를 의심하는 말투여서는 안 된다. 그렇게 하면 대화는 끝이다. 더 이상 진행되지 않는 것이다. 사랑의 말투는 톤이 낮고 부드러워야 한다. 연애할 때를 생각해보라. 연애하면서 고래고래 소리 지르는 사람이 어디 있는가? 톤을 깔아서 천천히 말하는 것이 효과적이다.

눈높이에 맞춘다. 말은 사랑한다고 하는데 자세나 표정이 거기에 안 맞는다면 그 사랑은 거짓 사랑이 된다. 어린아이의 경우는 자세를 낮추고 가까이 다가가서 꼭 껴안고 나지막한 목소리로 아이를 쳐다보면서 "사랑한다"라고 말한다. 그 효과는 100퍼센트다.

네 번째는 감정의 접촉이다. 아이들이 "정말로 사랑받고 있구나" 하는 감정이 솟아나면 그 이상 좋을 것이 없다. 엄마(아빠)의 감정과 아이의 감정이 겹쳐질 때 가장 행복한 순간이 된다. 그런 경험을 하는 아이는 영원히 부모를 배신하지 않는다.

담배를 끊고
술을 줄여라
2

왜 아이들이 담배를 피우고 싶어 할까?

한번은 텔레비전 화면에 아프리카 어느 나라에서인가 여덟아홉 살쯤 되어 보이는 아이들이 담배를 피우는 장면이 나와서 놀란 적이 있는데, 우리나라에서도 청소년 흡연은 방심할 처지가 아니다. 가끔 국내 지상 파 방송사에서도 경각심을 불러일으킬 만한 장면을 방영하는데도 청소 년(중·고등학생)의 흡연율은 안 줄고 도리어 느는 추세에다 연령도 낮아 지고 있다고 하니 여간 걱정스럽지 않다.

우리나라 사정을 보자. 한국의 질병관리본부의 조사에 따르면, 성인 흡연율은 줄어드는 반면, 청소년 흡연율은 매년 꾸준히 늘고 있다고 한 다. 중 3 청소년의 흡연율은 2005년 10.3퍼센트에서 2007년 12.2퍼센 트로 늘었다. 2007년 중 2 여학생의 흡연율은 6.4퍼센트로 성인 여성 흡연율 5.5퍼센트보다 높다. 평균적으로 아이들은 12.5세(중 1)에 처음 으로 담배를 접한다고 한다.

왜 우리나라 사람들이 담배를 특히 많이 피우는지에 대해서는 여러 가지 설명이 있겠다. 또 나라마다 사정이 다르므로 그 이유도 다를 수 있다. 그런데 우리나라 청소년이 담배를 피우는 데는 여섯 가지 정도의 이유가 있다.

첫째, 담배에 대한 호기심이다. 담배를 피우면 어떤 느낌이 들까 하는 마음에 접해보고 싶은 것이다.

둘째, 어른들이 금하니까 반발 심리로 피워보고 싶은 것이다. 어른들은 피우면서 왜 우리는 못 피우게 할까? 몸에 해롭다면 어른도 피우지 말아야 하는 것이 아니냐는 반항 심리도 작용한다.

셋째, 친구들과 어울리느라 피운다는 것이다. 친구들 사이에 끼어 동료의식이나 소속감을 가지려면 다른 아이들이 하는 행동은 따라 하는 것이 좋다. 그래서 소외되지 않으려고 피운다는 것이다.

넷째, 이성 친구에게 "나도 어른스러워. 나 멋지지 않아?" 하고 과시하려는 영웅심리가 작용해서 피운다.

다섯째, 담배를 피우면 살이 빠진다는 속설을 믿고 살빼려고 피우는 여학생들이 있다.

여섯째로 가장 중요한 것은, 담배를 피우는 청소년의 경우 80퍼센트 정도는 부모가 담배를 피우는 가정에서 자란 아이들이란 사실이다.

정말 자녀를 건강하게 키우고 싶으면, 아버지와 어머니부터 당장 담배를 끊어라. 새삼 그 이유를 들지 않아도, 담배가 개인의 건강뿐 아니라 가족 전체의 건강, 심지어 태어나지 않은 배 속의 아기에게까지 나쁜 영향을 주며, 이웃, 다른 사람, 지구의 공기오염에 이르기까지 어디 하나 유익한 데가 없다는 것은 익히 잘 알려져 있다.

아이가 담배를 끊게 하는 방법을 소개하겠다. 부모가 솔선수범해서 지켜주기 바란다.

흡연은 단순히 인체의 건강에만 나쁜 영향을 주는 것이 아니고, 정신 건강에도 부정적인 영향을 주기 때문에 그 점도 고려해서 얼른 끊기를 바란다.

담배 끊는 방법

아이가 담배를 끊게 하려면 먼저 가정의 분위기부터 바꾸어야 한다. 부모가 먼저 담배를 끊는다. 그리고 그 실천 방법을 아이들에게 일러준다. 담배의 해독에 대해 감정을 섞지 말고 과학적이고 객관적으로 설명한다.

- 폐가 완전히 성장하지 않는 상태에서 담배를 피우면 폐 기능이 급속히 나빠지고, 성장이 끝난 후에도 폐 기능이 평균 수준에 못 미치게 된다. 폐 기능은 남자의 경우 스물네 살까지, 여자는 열여덟 살까지 성장한다.
- 뇌 기능과 정서 발달에도 좋지 않은 영향을 미친다.
- 담배의 일산화탄소는 뇌의 원활한 산소 공급을 막아 집중력을 떨어뜨리고, 우울증, 불안장애, 공황장애 등 정신질환 발생률도 높인다.

무턱대고 나쁘다고 하거나 야단치는 것은 효과가 없다. 만일 친구들에게서 권유를 받으면 천식이 있어서 못 피운다거나 하는 적절한 핑계를 대도록 권고한다. "담배 끊어라" 하고 압력을 주기보다는 부모가 도와줄 테니까 같이 노력하자는 식으로 권고하는 것이 좋다.

다음은 청소년흡연음주예방협회에서 발표한 '청소년과 부모·교사가 함께하는 금연법'이다.

- 흡연 청소년에게 감정적으로 대응하지 않는다.
- 담배를 피우는 동기와 친구, 장소 등을 파악한다.
- 흡연을 야기한 학교 환경을 개선한다.
- 담배 피우던 장소를 의도적으로 피한다. 흡연을 야기한 학교 환경을 개선한다.
- 흡연 권유를 거절할 방법을 함께 찾는다.
- 청소년에게 담배 피우는 모습을 보이지 않는다.
- 담배를 생각나게 하는 자극적 음식을 피한다.
- 학적부 등에 기록될 때 받을 불이익을 경고해준다.
- 담배가 생각나면 찬물을 마신다.
- 흡연중독인 경우 전문가의 도움을 받는다.

부모의 음주가 아이에게 미치는 영향

술에 대해서도 마찬가지다. 과음하거나 습관적으로 음주하거나 음주 후 추태를 부려서 부모로서의 품위를 손상시킬 행동을 할 염려가 크다. 따라서 다음과 같은 이유로 금주하거나 절주해야 가정의 평화가 온다는 것을 뼈저리게 인식해야 한다.

- 부모가 습관적으로 술 마시고 폭주 습관을 가지고 있으면 아이들도 그것을 보고 배울 가능성이 매우 크다.

- 음주로 인한 건강상·경제상의 손실, 가정의 평화 교란을 계산해서 현명하게 조절한다.
- 부모의 알코올중독이 가정생활 전반과 자녀의 학교·가정 생활에 부정적 영향을 미친다는 것을 인식하고 술을 절제하고 치료받아야 한다.
- 알코올이 치매 촉진, 알코올성 정신증(정신병과 같은 증상), 불안장애, 자살 충동, 의처(부)증 유발, 인격의 변화와 같은 정신적 문제를 가져온다는 것을 인식하고 음주를 조절해야 한다.
- 알코올이 가정 폭력을 가져올 가능성이 매우 많다는 점을 인식해야 한다.
- 더욱이 음주 후의 자동차 운전은 생명을 위협하는 중대한 실수를 저지를 가능성이 많기 때문에 음주 자체를 금하는 것이 바람직하다.

부모의 음주가 미성년 자녀에게 미치는 영향은 다음과 같다.

- 아이들에게서 즐거움을 박탈한다. 아이들이 늘 우울해진다.
- 아이들은 자존감을 잃게 되고, 분노가 움트고, 자신에게 불만을 품게 된다.
- 부모를 불신하게 된다.
- 우울, 불안, 위축, 공포, 과잉행동과 같은 부정적인 정서 행동 양상을 보이기 쉽다.
- 아이들은 충동 통제 능력을 잃게 되고, 학습장애를 유발하게 된다.
- 인지능력을 저하시킨다.
- 공격성을 증가시킨다.
- 상대방과 갈등을 일으키기 쉽다.
- 가정 폭력 경향은 사회유전으로 이어져 아이들에게 전수되기 쉽다.

가정 폭력은
절대 금물
3

폭력 성향을 가진 성격

아이에 대한 진정한 사랑은 진정한 부부애에서 나와야 한다. 서양 사람들은 일생 중 가장 기쁜 때가 언제냐고 물으면 '결혼하는 날'이라고 대답한다고 한다. 한편 동양인들은 '아이 낳는 날'이라고 한다는 것이다. 재미있는 차이다. 서양 가정은 부부 중심인 데 비해 동양은 자녀 중심이다. 어쨌든 아빠와 엄마가 밤낮 싸우면서 아이를 진실로 사랑할 수 있을까? 집안이 늘 긴장과 불안으로 숨쉬기조차 거북하다면 아이를 진정 사랑해줄 수 없다. 엄마와 아빠 사이에 놓여 있는 증오심이라는 걸림돌이 가로막고 있기 때문이다.

가정 폭력은 잔소리, 빈정대기, 욕하기, 상대방 흠집 잡기 등에서 가볍게 시작하다가도 주먹질하고, 모욕하고, 뺨 때리고, 발길로 차고, 심하면 도구를 사용해서 폭행을 하는 데까지 이른다. 가정 폭력에 이르는 과정을 분석해보면 이렇다.

부부 간의 미운 감정과 증오심 → 분노 → 적개심 → (원수지간이 된다)
→ 적대적 관계 만들기 → 폭력 사용 상황 발생

폭력을 행사하는 남성의 성격을 보면 다음과 같다.

- 의존적 성격을 가진 사람이다. 거친 성격의 남성이 폭력을 행사하기보다는 의존적인 성격을 가진 사람이 더 폭력적이다.
- 과도하게 참는 사람이 도리어 감정을 분출하면 폭력적으로 나오기 쉽다.
- 아이에 대해 과도하게 기대하는 사람이 폭력을 사용한다.
- 상대방의 인격·생활·감정 등을 존중해주는 것이 아니라 상대방에게 도리어 질투심을 느끼는 열등의식이 원인이 되기도 한다.
- 자신의 기대에 못 미치는 상대방에게 늘 불만을 품고 있다.
- 성격장애성 폭력이 있다. 이 경우 전문의의 도움을 받아서 치료를 받아야 한다.
- 자기가 모든 면에서 제일 잘났다고 생각하는 사람이 폭력을 행사하는 경우가 있다.
- 우울증이 가정 폭력을 유발하기도 한다.

이런 경우를 감안해서 폭력을 유발할 만한 성향을 보이면, 전문 상담원에게 의뢰해서 지도를 받거나 치료를 받아야 한다. 그래서 가정 폭력을 예방해야 한다.

가정 폭력적 성향이 있으면

어릴 때부터 가정 폭력에 장기간 노출된 경험이 있는 아이들이 당장에 혹은 커서 어떤 영향을 받을지에 대해 살펴보자. 어릴 때 아빠와 엄마가 치고받는 광경을 목격하고 자라면, 그 과정에서 아이들의 마음고생이 얼마나 컸겠는가? 이런 가정에서 자란 아이들이 크면 과연 어떤 영향을 받을지가 궁금하다. 다음은 한국가정법률상담소 자료를 참고한 것이다

■ 자녀가 부모의 문제를 신경 쓰느라 아이 때 누려야 할 행복을 제대로 누리지 못하게 되어, 결국 '어른애(adult-child)'의 문제를 지니게 된다. 즉, 끔찍한 정신적·사회적 문제를 안고 살아간다는 말이다. 어른애란 일종의 성격장애 같은 것인데, 아이이면서 어른의 행동, 그것도 나쁜 것을 배워서 써먹는 행동을 하는 아이다. 예컨대, 도박·외박·음주·흡연·폭력 등 역기능적인 행동을 한다. 어릴 때 위안을 받지 못하고 자라면서 자기 안에 숨겨져 있는 어릴 때 해결되지 못한 욕구를 계속 안고 살게 된다.

■ 자녀가 원하지 않는 상황에 반복적으로 노출되는 불안이 생기며, 이런 상황이 계속된다면 무력감을 느끼게 된다. 그래서 마음속으로 '감정 줄이기'를 하게 된다. 매사에 감정을 개입시키지 않으려는 무감각한 사람으로 바뀌는 것이다.

■ 불화 관계에 있는 부모 밑에서 자란 아이들은 건강한 가정과 바람직한 부부의 역할 모델이 없기 때문에 많은 시행착오를 겪게 된다.

■ 폭력은 폭력을 낳는다. 〈블론디〉 만화에 보면, 남편이 직장에서 상사로부터 억울하게 야단맞고 집에 돌아와 아내에게 화풀이를 하면, 아내는 아이

들에게 화풀이를 하고, 아이는 강아지에게 화풀이를 하는 장면이 있다. 이렇듯이 화풀이와 같은 폭력은 전염이 된다. 폭력 가정의 아이들은 폭력도 학습하게 된다. 그래서 폭력 성향과 동시에 폭력 내성이 생겨난다. 그리고 그것을 다른 사람에게 전염시킨다. 웬만한 폭력은 폭력으로 느끼지 않게 된다. 이 얼마나 비극적인가?

■ 폭력은 결국 비행, 성격장애, 정서장애를 불러오게 만든다. 가정생활이 폭력적으로 점철되면, 아이들은 항상 불안하고, 어른을 불신하게 되고, 자기 자신을 불쌍하게 느끼고(자기연민), 사회에 대한 불신감까지 갖게 된다. 아이들로 하여금 위축된 성격, 무기력감, 아니면 가출, 비행을 유발하게 만들고, 성격장애까지 일으킬 수 있다는 점을 알아야 한다. 가장 비극적인 경우는, 어머니에게 폭력을 쓴 아버지를 아들이 살해한 존속살해 사건이다. 이렇게 되면 가정생활은 종말을 고하게 되는 것이다.

가정 폭력을 해결하는 방법

어떻게 하면 가정 폭력을 줄일 수 있을까? 간단한 문제는 아니지만, 외부의 간섭을 안 받는다는 것을 전제로 하고 부부가 해결하려면 다음의 방법을 사용해본다.

■ 부부는 서로 이해하기 위해 진솔하게 대화하는 방법을 배워야 한다.
■ 서로 공감적 대화를 하도록 노력해야 한다. 한쪽에서 뭐라고 말하면 상대방이 수긍해주고 고개를 끄덕여주어야 한다. 욕하고 비난하고 간섭하고 묵살하는 대화는 대화가 아니라 싸움일 뿐이다. 인내심을 가지고 노력해야 한다.

- 돈독하고 행복한 부부 관계를 형성하고자 전문가의 도움을 받아보는 것도 좋다. 서로가 작심해서 노력해야 한다.

- 평등 부부의 사상을 소화하고 실천해야 한다. 부부 관계는 상하관계가 아니다. 종적 관계도 아니고 평등한 수평적 관계다. 횡적이고 동반자 관계라는 인식을 가지고 살아야 한다. 상대방을 인정하고 의견을 존중해줘야 폭력이 해결된다.

- 가정의 문제는 공동으로 해결한다는 원칙을 세우고, 그 원칙을 지켜야 한다. 말로만 해서는 안 된다. 실행이 중요하다. 아이의 교육 문제, 경제문제, 가족 및 친척 간의 문제는 의논하고 합의해서 해결한다.

- 가정이 나아갈 방향, 인생의 의미를 공유하고, 같거나 비슷한 목표를 설정하고, 노력을 한데 모으도록 노력한다.

- 상대방에게 너그러운 태도를 가지고 용서한다. 이것은 피장파장이다. 서로 동시에 용서해야 문제가 해결된다. 아이의 장래를 생각해서라도 부모는 많은 것을 참고 협력해서 나아가야 한다.

먼저 다가가 사랑해라

4

먼저 다가간다

우리가 일상적으로 하는 말 가운데, "그 애, 꼴도 보기 싫어"라는 말을 쓸 때가 있다. 즉, 밉다는 이야기다. 꼴도 보기 싫다는 것은 사랑하지 않는다는 것을 말한다. 우리가 어떤 사람을 이해하려 할 때 가까이 있을수록 잘 이해할 수 있다. 멀리 있으면 이해하기 어렵다.

이해한다는 말은 두 가지 뉘앙스를 가지고 있는데, 하나는 객관적으로 잘 안다는 말이고, 다른 하나는 동정한다거나 공감을 느낀다는 반응이다. 어느 경우든, 이해하면 그 사람과 소통할 수 있고 이해를 못하면 소통하기 어렵다.

결혼하고 50년이 지난 부부도 "당신 그럴 줄 몰랐어!" 하는 경우가 생긴다. 왜 50년을 함께 살아도 서로 깊이 잘 모르느냐 하면, 가족원 간에는 서로 객관적 대상을 관찰하듯이 관찰하기가 어렵기 때문이다. 주관적으로 느끼고 정서적으로 교류하기 때문에 객관적으로는 잘 안 된다. 그러나 일단 어린아이의 경우 아이가 가지고 있을 문제를 사전에 발견하고 예방하기 위해서라도 객관적으로 아이의 행동을 관찰할 필요가 있다.

아이를 객관적으로 이해하려면 부모는 먼저 아이에게 다가가서 어깨에 손을 얹고, 눈 맞춤을 하고, 미소를 지어 보이고, 칭찬을 해주고, 일상적인 이야기를 주거니 받거니 하면서 소통하는 것이 좋다. 특히 이때 부모는 아이들에게 "나는 너를 무척 사랑한다"라는 메시지를 주면서 아이를 이해하려고 노력해야 한다.

부모가 먼저 이해해야 한다

옛날에는 사회의 변화 속도가 느렸기 때문에 아버지 세대나 아들 세대나 별로 다를 것이 없었다. 어머니 세대나 딸 세대가 순조롭게 이어져 내려왔다.

딸이 시집갈 때 친정어머니가 첫날밤 치르는 방법도 가르쳐주었고, 아이들 육아·교육 방법도 가르쳐주어서 그대로 하면 되었다.

그러나 요즘 딸 시집보낼 때 어머니 세대가 했던 방식으로 하라고 했다가는 자칫하면 소박당할지도 모른다. 그만큼 시대가 변한 것이다.

그래서 신세대 자녀와 원만하게 가정 안에서 살아가려면 부모가 먼저 변해야 한다. 그러려면 아버지나 어머니가 한번 마음먹고 아이들에 대한 조사를 해볼 것을 권고한다.

첫째, 아이들이 학교에 간 후 아이들 방을 샅샅이 들추어보자. 잠자리는 어떻게 치웠는지, 옷은 어떻게 간수하는지, 책꽂이에는 무슨 책이 꽂혀 있는지, 교과서 이외에 무슨 책을 읽는지, 서랍 속에는 무슨 책과 소지품이 들어 있으며, 디스크나 CD(콤팩트디스크), 카세트테이프는 어떤 것이 있는지를 조사해보자. 단 이때 절대로 들추어본 흔적을 남기지 말아야 한다. 그렇게 해서 부모가 알아낼 수 있는 것은 다음과 같다.

👉 좋아하는 음악, 가수
👉 좋아하는 스포츠, 스포츠 스타
👉 즐겨 읽는 책과 그 저자
👉 취미와 특기
👉 관심사

이렇게 알아야 아이에게 뭔가 도움을 줄 수 있지 않겠는가?

두 번째는, 아이와 가까이 지내는 친구(남자 친구, 여자 친구 모두)에 대해 알아보자. 친하게 지내는 친구가 몇이나 되며 어떤 부류의 아이들인지를 아는 것은 자녀의 장래 진로 문제와 관련해서 도움이 될 판단을 하는 데 참고가 될 수 있다.

셋째로, 아이들이 안고 있는 문제나 고민거리가 무엇이며 건강상 이상은 없는지, 좋아하는 과목, 싫어하는 과목, 잘하는 과목, 못하는 과목에 대해 알아보는 것도 유익한 자료가 될 수 있다.

이와 같이 아이들에 관해 객관적으로 이해해두어야 대화할 때에도 참고가 되고 지도하는 데에도 유익하다.

진지하고 여유가 있는 대화

신세대 자녀들은 옛날 아이들과는 사뭇 다르다. 덩치도 크고, 먹는 음식도 다르고, 입고 다니는 옷이나 신고 다니는 신발도 다르다. 거기다가 생각하는 방식, 말투, 행동방식이 모두 다르다. 그러니 부모가 아이들을 다룰 때나 대화를 할 때 옛날 자기가 어릴 때 했던 것처럼 해서는 안 된다.

신세대 자녀와 대화를 잘하려면 요즘 아이들의 특성을 알아둘 필요가 있다. 요즘 신세대는 자기 개인 일에 다른 사람이 간섭하는 것을 대단히 싫어하기 때문에, 이 점에 주의해서 접근해야 한다.

"야, 옷이 왜 그 모양이니?" 하는 식으로 옷 이야기를 해서는 안 된다.

"민수야, 네 옷 멋있구나. 코디를 잘했어. 네가 했니? 그런데 이런 방법으로 입어보면 어떨까? 단추란 것은……."

이런 식으로 충고를 해주는 기술을 좀 익혀야 한다. 말하자면 신세대 아이들과 말할 때에는 감정적으로, 권위주의적으로, 야단치는 식으로 말하면 들으려 하지 않는다는 점을 이해해야 한다. 논리적으로 설득하고 이치를 따져서 설명하는 식으로 말해야 한다.

요즘 아이들은 어른 세대보다는 합리적인 세대다. 따라서 논리적으로 설명하면 승복하는 예가 많다.

요즘 아이들과 대화하려면 아이들의 세계를 이해하려고 해야 한다. 예를 들어, 요즘 한창 인기 있는 보컬 그룹의 노래를 어른들이 들으면 소음으로 들릴지 모르지만 아이들 사이에서는 그렇지 않다는 점을 알아야 한다.

대화를 잘 유지하려면 부모님들은 너그러운 마음을 보여주되, 생각은 확고해야 한다. 그렇지 않고 부모가 흔들리면 아이들도 흔들리고 갈피를 못 잡게 된다. 그러니까 부모의 생각은 확고해야 한다는 점을 꼭 기억해두는 것이 좋겠다.

과도한 사랑은
피해야 한다
5

공주병, 왕자병

요즘 우리나라는 바야흐로 정서장애 증후군이 확산되어가는 와중에 있다는 느낌을 주는 현상이 너무도 많이 일어나고 있다. 누가 정상이고 누가 이상한지 분간하기 어렵게 되었다. "제 잘난 맛에 산다"라는 말도 있듯이, 살아가며 있을 수 있는 현상이라고 보아 넘기면 그만이지만 사태가 좀 심각하다.

어린이나 청소년들 사이에서만 이 현상이 퍼져 있는 것이 아니라 젊은 부부 사이에도 이 증후군이 확산되고, 심지어 중년에까지 번지고 있다는 데 문제가 있다. 단순히 애교로 보거나 일시적인 바람이라고 보아 줄 수 없는 형국이 되었다.

공주병·왕자병은 몇 가지 심리적 특징을 지니고 있다. 먼저 자기가 동료들 사이에서나 또래 사이에서 퍽 잘났다고 생각하는 증상이다. 스스로 보기에도 자기 외모는 잘났고(공주나 왕자처럼 귀티가 나고 고상해 보인다는 것), 분위기에 어울리게 의상을 갖췄다고 생각한다. 능력도 남보다 뛰어나 자신이 없으면 회사가 잘 안 돌아갈 것이라고 믿으며 자기가 쌓아놓은 업적도 상당히 높은 평가를 받고 있다고 생각한다.

이런 증세를 정신의학적으로는 나르시시즘(narcissism, 自己愛)이라고 한다. 이 자기애는 영유아에게는 누구에게나 있는 것으로 자연스러운 현상이지만, 어른이 되어서도 이 메커니즘에 빠져 있는 사람은 부질없는 우월감, 다른 사람과의 차별 의식, 자기는 특별한 사람이므로 그에 마땅한 대접을 받아야 한다는 생각을 갖고 있다.

심하면 남과 동등하게 다루어지는 것을 못 참고, 남과 섞이는 것을 혐오하며, 급기야 외부와 교류를 끊는다. 이로 인해 모든 관심이 자기 자신에게만 향하는 분열증으로 발전할 수도 있다. 그러므로 공주병·왕자병은 단순히 애교로 볼 일이 아닌 것이다.

왜? 그러면 어떻게

어린아이의 재롱으로 볼 수 있는 공주병·왕자병을 너무 오래 관용해서는 안 된다. 습관을 제2의 천성이라고 하듯이, 이 증후군을 당연한 것으로 받아주어서는 안 된다. 적어도 초·중학교 상급 학년이 되면 자기 자신과 마찬가지로 다른 사람도 소중한 존재이고, 사람은 누구나 제각기 나름대로 존중받아야 할 특장(特長 : 특별히 잘하는 일)을 가지고 있다는 것을 인정하는 너그러운 마음을 갖도록 가르치고 훈련해야 한다.

최근 공주병·왕자병이 급속하게 번지는 것은 단순히 텔레비전의 영향만이 아니라 사람들의 의식 변화로 자녀를 적게 두면서 비롯된 것이기도 하다. 자녀에 대한 과잉보호로, 자기만이 마땅히 사랑받아야 하는 사람으로 대우를 받다 보니 그것이 병이 되기도 하는 것이다. 한 가정에 아이가 대여섯쯤 있다고 생각해보자. 어디 저 혼자 사랑을 독차지하고, 저 혼자 좋은 옷 입고, 저 혼자 외국 연수를 갈 수 있을까? 불가능한 일이다. 그랬다간 형이나 오빠한테 쥐어박힐 것이다.

그러니까 자녀 수가 적다고 과애(過愛)해서는 안 된다. 공주병·왕자병을 가진 이들은 얼른 꿈에서 깨어나야 한다. 현실은 본인들이 믿거나 느끼는 만큼 자기를 존중해주거나 인정해주지 않을뿐더러 자칫하면 왕따 대상이 될 염려가 있다.

그뿐 아니라 주위 사람들이 끝내는 그들을 소외시키고 비웃고 손가락질하다가 마침내 정신병 환자로 취급할 수도 있다. 그러므로 공주병·왕자병 증후군을 가진 사람은 주위에서 얼른 적절한 조치를 취해줘야 한다. 가족이나 친구가 충고해주는 것도 좋고, 많은 사람과 교류하며 인간관계를 맺는 것도 좋다. 과대망상증에서 분열증으로 발전하기 전에 예방해야지 그냥 내버려 두면 적어도 적응상의 문제가 앞으로 반드시 나타날 것이다.

아이를 존중해야 아이도 부모를 존중한다

텔레비전 오락 프로그램에 부자가 함께 나오는 프로가 있었다. 사회자가 아들에게 아빠에 대해 섭섭한 일이 없느냐고 물으니까, 초등학교 2~3학년쯤 되어 보이는 아들이 대답했다.

"우리 아빠는 자주 술 잡수시고 늦게, 어떤 때는 밤 열두 시 넘어서 들어오셔서는 우리들(아들 형제가 있는 집안)을요 발로 툭툭 차서 깨우세요. 우리가 뭐 강아진가요? 나는 그게 제일 싫어요."

그 아이가 크면 어떻게 행동하는 어른이 될까? 대개 극단적으로 행동하는 부모 밑에서 자란 아이들은 두 가지 유형으로 나뉜다. 부모의 행동을 따라서 똑같이 행동하는 경우와 정반대로 행동하는 경우다. 예컨대, 아이들을 아주 엄하게 다룰 경우, 어떤 아이는 온순하고 말 잘 듣는 아이가 된다. 반대로 어떤 아이는 반항적인 아이가 된다. 같은 집안의 형제 사이에서도 다른 유형의 아이들이 생겨나는 것이다. 반드시 부모 뜻대로 되는 것은 아니다.

그런데 중도적이고 합리적인 교육 방법을 택할 경우에는 그렇지 않다. 아이들과 의논하고 설명하고 이치로 따진다. 이럴 때에는 아이들의 불만이 별로 없다. 그러니까 반동(反動) 현상이 일어나지 않는 것이다.

인간사(人間事)에도 물리법칙이 적용된다. 부모가 너무 세게 나가면 일단 눌린다. 그러나 그 누르는 힘이 세질수록 튕겨 올라오는 힘도 상대적으로 커진다. 일시적으로는 눌려 있게 된다. 그러나 반발력이 세지면 폭발한다. 집을 뛰쳐나가고, 기물을 부수고, 고함을 지르고, 난리를 피운다.

마찬가지로 누르는 힘이 너무 약하면 아이들이 제 마음대로 굴 수 있다. 자유롭게 된다. 무절제하고 방종해지기도 쉬운 것이다. 그러니까 이상적으로는 필요에 따라 눌렀다가 놔주었다가 해야 한다. 이런 물리법칙이 인간관계에서도 적용된다. 눌러야 할 때에는 엄격히 다스려야 한다. 예컨대, 도덕적 기준을 심하게 어겼다거나 부모를 속인 경우에는 엄하게 꾸짖는다. 반대로 말랑말랑하게 해주어야 할 때에는 부드러운 말과 미소와 포옹으로 감싸고 부모의 사랑을 듬뿍 느끼게 하는 것이다.

앞에 든 예와 같이, 부모가 자기를 존중해주지 않고 아주 우습게 다룬다는 느낌을 받거나 그런 감정을 지속적으로 갖게 되면, 아이가 커서 자기 아이에게 같은 방식으로 대하거나 반동적으로 자기 자녀에 대해 아예 무절제하게 보호하는 부모가 되기 쉽다. 이런 것은 결코 바람직하지 않다.

그렇다면 존중한다는 것은 무엇을 말하는 것일까?

■ 아이에게 욕을 하지 않는다.

부모도 화가 나면 욕을 할 수 있다. 그러나 그 욕이 아이의 자존심을 심히 상하게 하는 것이어서는 안 된다.

"아이고 내가 못살아, 너 때문에", "이 못된 놈아!", "이 병신아, 그것도 못해?", "저걸 새끼라고……."

이쯤 되면 아이는 부모가 자기를 사랑하지 않는다고 본다.

■ 아이를 이름으로 부른다.

가끔 부모들 중에는 아이를 부를 때, "첫째야", "둘째야" 하고 서열로 부르기도 하고, 별명으로 부르기도 하고, 때로는 아이의 약점을 건드리는 별명을 부르기도 한다. "짱구야", "유구무언", "사고뭉치" 하고 부를 때도 있다. 이것은 피하는 것이 좋다. 반드시 이름으로 부른다.

■ 너도 하려고 들면 뭐든 할 수 있다는 자신감을 불어넣어 준다.

"너는 뭘 해도 안 돼", "뭘 하려고 그래? 넌 그냥 가만히 있는 게 나아", "넌 누구 닮아서 그리 재간이 없니?", "누구 닮아서 머리가 나쁘니?" 하고 말하지 않는다. 이런 말은 어른도 충격을 받을 말이다. 하물며 어린 아이에게, 특히 초등학교 저학년 아이에게 이런 말을 하면 회복 불능 상태가 될 염려가 있다. 아이들이 무엇을 배우려고 할 때 잘 안 되거나 공

부를 못하는 경우 능력보다는 자신감이나 자기존중감이 빠져 있어서 잘

안 되는 경우가 훨씬 많다.

■ 아이에게 비꼬고 빈정대는 말을 하지 않는다.

"그래, 네 주제에 그걸 해? 관둬", "넌 안 돼. 백번 해봐라. 그 머리가지

고 되나", "네가 서울대학에 가겠다고? 아이고, 소가 다 웃겠다"라는

식으로 아이를 깎아내리지 않는다.

■ 아이에게 가끔 경어를 쓴다.

"우리 윤수, 잘 잤어요?", "학교 가서 재미있었어요? 오! 그랬어요?",

"그래 우리 윤수는 뭘 해도 열심히 해서 예뻐요."

이것은 실제로 윤수 할머니가 손자와 이야기할 때 쓰는 말투다. 그러면

응석받이 나이의 초등학교 2학년 어린아이가 할머니한테 깍듯이 존댓말

을 쓴다.

08

요즘 아이들의 행동 양식

요즘 아이들의
특성을 이해해라
1

친척집에 여덟 살짜리 초등학교 2학년에 다니는 딸아이가 있다. 큰엄마가 물었다.

"넌 커서 뭘 할래?"

"댄스 가수요."

"왜?"

"재미있잖아요. 돈도 벌고요."

"가수가 어떻게 돈을 버는데?"

"방송 하면 돈 주고요, 음반 팔면 또 돈 벌고요, 어디 가서 콘서트 하면 돈 벌잖아요?"

"콘서트가 뭔데?"

"여러 사람 앞에서 노래하는 거요."

"돈 벌어서 뭘 하는데?"

"해외여행도 가고, 맛있는 음식도 사 먹고, 재미있는 구경도 하고, 집도 큰 집으로 이사 갈래요."

여덟 살짜리 아이의 소망치고는 너무 현실적이다. 밤낮 텔레비전을 보니 영향을 안 받을 수가 없다. 요즘 아이들치고 소녀시대나 원더걸스의 노래나 춤 한두 가지 못하는 아이가 없지 않은가? 그리고 아주 잘한다.

이와같이 1960~1970년대에 태어난 자기네 아빠, 엄마와는 아주 다른 인간형이 만들어지고 있는 요즘, 아이들의 성격·행동양식·태도·습관 등을 아는 것은 교육하는 데 도움이 될 것이다.

요즘 아이들, 아이티 키즈(IT Kids)다

요즘은 초등학교에 들어가면 학교에 갔다 와서는 책가방 던지고 컴퓨터부터 켠다. 그런 손녀에게 할머니가 물어보다.

"뭘 보려는데? 숙제부터 안 하고."

"할머니 요즘은 숙제도 인터넷으로 보내고, 내일 준비물도 인터넷으로 보내고, 아이들 하루하루의 활동은 동영상으로 올려요. 수업 중에 했던 일도 동영상으로 올리거든요. 보실래요?"

"응, 그랬구나?"

여덟 살짜리 여자 아이의 컴퓨터 다루는 솜씨는 가히 전문가 수준이다. 컴퓨터 도사다. 그 속도나 손놀림이 엄청 빠르다. 검색해서 읽어보고, 답을 찾아내고, 다른 정보와 연결을 짓는다. 컴퓨터뿐 아니라 닌텐도 게임기는 설명이 필요 없다. 40가지 프로그램을 찾아서 조작하는 데 거침이 없다.

이런 사례는 요즘 아이들이 기기를 겁내지 않고 친근하게 다루는 21세기형 인간이 되어가는 경향을 보여준다. 즉, '정보형 어린이'다. 그러면 '정보형 어린이'란 뭘까?

(1) 뭘 알려고 하면 금세 그 정보를 찾아내는 능력을 가지고 있다.

누구에게 물어봐도 되고, 책을 찾아봐도 되고, 컴퓨터를 두들겨봐도 된다는 것을 안다. 그리고 누가 질문하면 금세 그것을 인터넷으로 찾는다. 이런 정보 마인드를 가지고 있다.

(2) 문제 해결 능력이 옛날 아이들보다 낫다.

어떤 문제가 생겼다고 하면, 그 문제가 뭔지 알아차리는 능력이 뛰어나다. 요즘 아이들이 전화를 얼마나 잘 이용하는가? 특히 휴대전화를 굉장히 많이 사용한다. 세계에서 휴대전화 사용 시간이 제일 많은 나라가 우리나라다. 그래서 각종 IT 기기를 이용해서 문제를 푼다. 컴퓨터를 비롯해서 전자사전, 휴대용 인터넷 기기, 널려 있는 책을 이용해서 혹은 사람을 이용해서 문제를 푼다. 자료에 접근하고, 이것을 이용하는 방법을 안다.

(3) 목표 설정을 하고 그 목표를 이룰 방법을 연구한다.

요즘 아이들, 뭘 하려고 하면 목표를 정한다. 그리고 그 목표를 이루려면 어떻게 하면 되는지를 연구한다. 계획하는 능력도 가지고 있다.

(4) 의사결정을 스스로 하려고 든다.

자기 방의 인테리어, 신발이나 옷을 구매할 때도 자기가 고르려고 하고, 그 이유를 댄다.

(5) 지식은 많은 것이 좋다는 것을 안다.

그래서 스스로 책을 고르고, 가끔 텔레비전 퀴즈 프로그램 진행하는 것을 흉내 내고, 수수께끼를 내고, 말꼬리 잇기를 하자고 하고, 그런 정보를 알려고 노력한다.

언어 구사 능력이 뛰어나다

일요일 9시 반에 하는 지방파 방송에 〈환상의 짝꿍〉이란 프로그램이 있다. 부모와 아이가 같이 출연하는 프로그램이다. 거기에 출연하는 어른은 거의 연예인인데, 자기 아이에게 계속 말로 몰리는 것이 아닌가? 부모의 행동에 대한 관찰력이 대단하고 객관적이다. 말을 얼마나 논리적으로 잘하는지 어른이 쩔쩔매는 것이다. 어휘력도 대단하고, 발표력도 뛰어나다. 겁 없이 솔직하게 말한다.

초등학교 2학년생 여자 아이가 하루는 할머니에게 이렇게 말했다.

"할머니, 우리 엄마는 불행한 것 같아요."

"그럼 네 아빠는?"

"아빠는 행복해요."

"행복이 뭔데?"

"마음이 편한 거요."

"어째서 아빠는 행복하고 엄마는 불행하니?"

"아빠는 회사에서 집에 돌아오면 하고 싶은 말 다하고, 엄마는 그 소리 다 들어줘야 되잖아요? 아빠는 시원하지만 엄마는 마음이 아파요."

그래서 요즘 아이들을 잘 다루려면 이유 있는, 이치에 맞는, 논리적인, 근거 있는 말로 설득해야 한다. 우격다짐으로도 안 되고, 소리 질러서도 안 되고, 막무가내로 밀어붙여서도 안 되고, 야단치는 식으로 해서도 안 된다. 차근차근히 타이르고 설명해주어야 한다. 우리네 가정에서는 아이 교육에서 설명이란 방법을 잘 안 쓴다. 이만저만하고, 앞뒤가 이렇게 되었고, 이러저러한 이유로 이렇게 되었다는 식으로, 음성을 낮추어서 말해야 한다. 지금은 언어지상주의 시대니까 언어 표현을 장려하고 격려해주어야 한다.

똑똑하고 합리적이다

(1) 아이들에게 논리적으로 이치에 맞게 설명한다.

우리네 가정에서는 일찍이 설득이란 것이 없었다. 대개 일방적이고 감정적으로 아이들을 다스렸다. 어느 대학 교수의 딸 이야기다. 하루는 중 3인 딸아이가 아침에 일어날 시간이 되었는데도 기척이 없어서 방문을 당겨보니까 잠겨 있었다. 그래서 문을 쿵쿵 두들겨서 아이를 깨우려고 노력했는데도 아무런 반응이 없자 걱정이 되기 시작했다. 할 수 없이 문을 부수고 들어가 보니 이불을 덮어쓰고 안 일어나는 것이었다.

"애, 너 오늘 학교 안 가?"

"가기 싫어!"

"너 미쳤니?"

"……."

이튿날 아이가 가출했다. 그래서 학교에 연락하고 수배를 했는데 못 찾고 일주일 후에 돌아온 것이다.

이 경우, 엄마가 "어디 아프니?", "웬일이야, 이런 일이 없었는데. 무슨 일이 있었니?" 하고 물었어야 한다. 다짜고짜 이유도 물어보지 않고

"미쳤니?" 하니까 문제가 된 것이다.

옛날 아이들은 무슨 행동을 하려면 부모의 눈치 먼저 보고, 물어보고, 지시를 받아서 하는 경향이 있었다. 그러나 지금은 자율성이 커져서 스스로 결정하고 선택하려고 든다. 그리고 거기에는 나름대로 합리성이 있다.

요즘 아이들, 얼마나 변명을 잘하는가? 변명도 일종의 논리적 설명이다. 변명을 잘하는 것도 쉽지 않다. 논리성이 있어야 하고, 근거가 있어야 한다. 그래야 설득이 가능하기 때문이다. 근거 없이 변명만 하면 그야말로 핑계에 불과한 것이 된다. 우리는 아이를 교육하면서 설명을 잘 안 해준다. 설명 자체는 매우 교육적이다. 설명은 우선 "왜?"에 대해 궁금증을 풀어주니까 좋다. 새로운 지식을 배우니까 좋다. 이유를 알게 되니까 더 좋다. 그리고 눈에는 안 보이지만 그 설명의 논리를 은연중에 학습하게 된다는 점이 중요하다. 예를 들어, 왜 음식을 가려 먹으면 안 좋은지를 가르치려면 이렇게 말해서는 안 된다.

"엄마가 해주는 것이니까 아무 소리 말고 고맙게 먹어."(엄마는 언제나 옳다는 메시지)

"아무거나 잘 먹으면 돼."(과학적이지 못함)

"아빠처럼 음식 가려 먹으면 안 돼. 엄마가 속상하잖아."(과학적이지 못함)

"우리는 어릴 때 음식 가려 먹는다고 야단맞는 일이 없었어. 먹을 게 없었으니까."(과학적이지 못함)

다음과 같이 말하자.

"음식은 골고루 먹는 것이 좋아. 왜냐하면, 우리 몸은 온갖 성분으로 만들어져 있으니까."

"골고루 먹으면 병에 잘 안 걸려."

"골고루 먹으면 이가 튼튼해져."

"골고루 먹으면 눈이 밝아져."

"골고루 먹으면 반찬이 남아서 버리는 일이 없어."

이와 같이 매사에 이치에 맞게 행동하고, 아이에게도 이치에 맞게 행동하도록 해야 한다.

(2) 이치에 안 맞는 말이라는 것을 간파하는 능력을 가지고 있다.

아이에게 우격다짐으로 밀고 나가려고 하면 아이는 힘으로는 지지만, 그 속내를 꿰뚫어본다. 그래서 '아하! 우리 엄마(아빠)가 거짓말을 하고 있구나' 하고 알아차린다는 말이다. 차라리 아이에게 솔직하게 말하는 편이 더 효과가 있다. 모르는 것은 모른다고 말하고, 아닌 것은 아니라고 말한다. 그리고 그 이유를 설명해준다. 아이에게 들킬 거짓말을 하기보다는 솔직하게 말해주는 것이 더 교육적이다.

(3) 따질 줄도 안다.

엄마나 아빠가 이치에 안 맞는 말을 하면 따질 줄도 안다. 한번은 초등학교 3학년생인 딸아이가 가족이 모인 자리에서 "좋은 아빠 되려면, 첫째 바람피우지 말 것, 둘째 술 먹지 말 것, 셋째 담배 피우지 말 것" 하지 않는가? 할아버지 할머니가 깜짝 놀라서 말했다.

"네 아빠는 100점 아빠구나."

"우리 아빠는 술 먹고 늦게 들어와서 100점 아니에요."

그래서 할머니 할아버지는 입을 다물 수밖에 없었다. 따지기를 잘하니까 부모는 논리로 대응해야 한다.

(4) 버릇이 없다.

요즘 아이들은 말을 함부로 한다. 어른한테도 버릇없이 행동한다. 사람을 타넘고 다니고, 어른과 식사할 때 먼저 먹고 벌떡 일어나고, 부모에게도 친구에게 하듯이 비속어를 쓰고, 부모에게 막 화내고 덤벼들고, 부모의 행동 통제에 잘 따르지 않고, 부모의 말을 잘 듣지 않는다. 남의 집에 가서도 큰 소리로 떠든다. 여러 사람이 모이는 곳에서 남에게 폐를 끼칠 행동을 서슴없이 한다. 공중 앞에서 행동을 통제하는 자제력을 훈련해야 한다.

뭐든 자기중심적으로 생각하고 행동한다

옛날보다는 아이들이 이기적인 데가 많다. 친구들 사이에도 학용품을 빌려주거나 그냥 주지 않는다. 사회가 개인주의적으로 변하고 있기 때문이기도 하다. 자기중심적이라는 말은 남을 의식하지 않는다는 말이다. 뭐든 '나' 중심으로 생각하고 행동한다. 다른 가족원 생각도 별로 안 한다. 남의 입장을 고려하지 않는다. 그래서 의견 충돌이 많고 조정이 잘 안 된다. 그 이유는 한국 사회의 문화가 퍽 자기중심적이기 때문이다. 어떤 초등학교에서 어린이들에게 빵을 나누어주다 보니 하나가 모자랐다고 한다(상황 설정). 그래서 선생님이 "양보할 사람이 없니?" 하고 물으니까 아무도 손을 안 들더라는 것이다. 남을 배려하는 마음이 부족하다.

인내심, 지구력, 끈기가 부족하다

요즘 아이들은 특별히 아쉬운 것이 없어서 그런지, 뭘 시키면 끝까지 해내지 못하고 중도에 포기하고 마는 아이가 많다. 어려운 일을 잘 안하려 든다. 심지어 심부름도 잘 안 하려고 한다. 그래서 학습할 때도 두 시간 이상을 책상머리에 앉아 있지 못한다. 주의가 금세 산만해진다. 특기과외도 1년 이상 끌지 못하고 그만두는 예가 많다. 어려운 것을 참지 못하는 나약한 면이 있기 때문이다.

잔소리를
효과적으로 바꿔라

2

잔소리도 음악처럼 들린다.

우리네 가정에서 주거니 받거니 하는 말을 들어보면 말이 거칠고 세지는 느낌이 든다.

"야, 영수야, 넌 듣고도 왜 대답을 안 하니? 대답 좀 해봐!"

"(음성을 높여서) 민지야, 넌 언제 공부할래? 놀기만 하고 있게?"

"(아주 높은 음성으로) 넌 누구 닮아서 그러니? 만날 놀기만 하고, 숙제는 미루어두었다가 한꺼번에 하고, 말버릇은 또 그게 뭐야. 말 좀 공손하게 할 수 없어? 동생 야단치지 말고 잘 데리고 놀아. 엄마가 없더라도 밥 잘 챙겨먹고 설거지 깨끗하게 해놔."

이런 말을 아주 높은 톤으로 계속 크게 말하면 그것은 구령이지 타이르는 말이 아니다. 구령이란 같은 높이의 톤으로 계속 힘을 주어서 큰 소리로 말하는 것이다. 대개 구령은 문장이 짧다. 말의 의미는 이미 정해져 있다. 그런 음성은 음성으로만 기억되지, 말의 내용은 별로 기억나지 않는 것이 보통이다.

음성을 높이면 그 자체로도 벌써 교육적 효과가 줄어든다. 음악이 아름답게 들리는 까닭은 소리에 높낮이와 강약이 있어서 리듬이 생겨나기 때문이다. 리듬이 있는 소리는 가슴에 호소하는 힘이 생긴다. 그러나 군대에서 쓰는 소리에 리듬이 없기 때문에 의미 내용이 잘 파악되지 않는다.

그래서 아이들에게 무슨 중요한 말을 하려면 부모는 음성의 질에 신경을 써야 한다. 물론 자기의 음성을 조작하기가 쉽지는 않지만, 아이의 교육을 위해서라면 그 정도 정성은 들여야 한다.

음성을 효과적으로 구사하는 방법을 제시하면 이렇다.

음성의 톤을 낮춘다

집에서 부모가 큰 소리로 말하면 아이의 반응은 이렇다.

"또 잔소리야. 깡통 두들기는 소리 또 내고 있네."

"만날 그 소리가 그 소리야. 아이고 시끄러워!"

"아이고 엄마 이제 그만 해둬, 알았어요!"

알았다는데, 시끄럽다는데 왜 엄마는 계속 소리(소음)를 지르느냔 말이다. 여기서 아이가 하는 말을 들어보면, "시끄럽다"는 표현은 부모가 하는 말의 의미는 전달이 안 되고 소음으로 들린다는 말이다. 그러므로 하는 말이 소음처럼 들리지 않게 하려면 소리를 낮추면 된다.

말하는 속도를 줄인다

화난 상태에서 말하다 보면 말이 빨라지는 것은 자연스러운 일이다.

그러니 말이 설득하는 투가 되기보다는 야단치는 투가 되기 쉽다. 그러면 말의 효과가 줄어든다. 그러니 하나마나 한 잔소리가 되지 않겠는가? 조금 속도를 줄이면 야단치는 소리가 설득하는 소리로 들리게 된다. 즉, 타이르는 말로 바뀌니까 얼마나 효과가 좋은가?

고저와 강약을 넣는다

거기다가 좀 더 기교를 부려서 리드미컬하게 들리도록 하려면 말소리를 때로는 높여서, 때로는 낮추어서, 때로는 큰 소리로, 때로는 작은 소리로 변화를 준다. 그러면 말소리가 훨씬 아름답게 들린다. 이런 기교를 부려본다면, 우선 아이들이 놀랄 것이다.

"어라, 우리 엄마 달라졌어. 부드러워졌는데? 세련되었어", "응, 엄마 알았어요, 알아서 할게요", "엄마 다시는 안 그럴게"라는 반응을 보일 것이다.

말과 표정을 일치시킨다

말은 부드럽게 하면서 보디랭귀지는 화난 표정을 짓고 있다면 그 말은 가짜가 된다. 말은 부드럽게 하고 있는데 엄마의 표정은 심각하고, 곧 때릴 것 같은 몸짓을 하고 있다면 별로 효과가 없다. 말을 부드럽게 하려면 표정이나 몸동작도 거기에 맞추어야 된다.

진심으로 아이를 사랑하는 느낌을 준다

부모가 듣기 싫은 소리를 하는 것도 자신을 진심으로 사랑하기 때문이라는 믿음이 가도록 진지한 태도로 말한다. 아이는 부모의 말이 정말 사랑이 담긴 말인지 아닌지를 눈치로 알 수 있다. 진심으로 사랑하는 마음을 품어야 그 말이 받아들여진다.

부모의 말투부터
다르게 해라

3

'엄마말투'를 쓰면 아이와 더 가까워진다

일상적으로 부모가 아이와 말을 주거니 받거니 할 때, 어른들과 말할 때와는 다른 말투를 쓴다는 것을 관찰할 수 있다. 예를 들어 아빠, 엄마와 나들이를 갔다고 생각해보자. 이때 아빠 엄마가 주고받는 말투는 일상적이다. 그런데 갑자기 엄마가 아이에게 주의를 주려고 말을 걸 때에는 말투가 바뀐다.

"영희야, 발 조심해. 앞에 길턱이 있어!"

톤을 높여 소리의 억양이 좀 과장되게 나온다.

"영희야아…… 발 조심해!"

"영희야아……"라고 길게 끌고, "발"과 "해"는 높게 발음한다. 그런데 '아빠 말투'는 좀 다르다. 엄마 말투보다는 정서가 덜 들어가 있다. 그래서 억양의 변화가 없고, 말소리가 무거운 편이다.

1966년 미국의 유명한 언어학자인 찰스 퍼거스는 엄마가 자기 아이에게 말할 때 들어보면, 독특한 말투를 사용한다는 것을 발견했다. 그래서 이런 형상을 설명하고자 영어사전에는 없는 'motherese(mother+ese : 마치 japan+ese=japanese가 되듯이)'라는 말을 만들었다. 우리말로 번역하면 '엄마 말투', 한자로 하면 '母親語'라고 할 수 있겠다.

이런 말을 왜 하느냐 하면, '엄마 말투'가 아이와 말을 할 때에는 아주 효과가 있기 때문이다. 이런 엄마 말투는 여섯 개의 다른 언어 문화권에서도 공통적으로 발견된 현상이라고 한다. 가끔 엄마가 아이에게 경어를 쓰는 경우도 있는데, 일본에서 흔히 보는 현상이다. 아이에게 경어를 쓰면, 아이에게 말을 아무렇게나 함부로 할 수가 없다. 말이 좀 다듬어진다. 필자의 집에서도 가끔 할머니가 손녀에게 이렇게 말한다.

"가윤 아가씨, 밥은 잘 먹었어요? 맛있었지요? 음식은 가리지 않고 엄마가 해주는 것이면 뭐든 잘 먹는 것이 효도하는 거예요" 그러면 손녀가 "네에" 하고 대답한다.

아이와 말을 주고받는다고 반드시 '아이말(baby talk)'을 할 필요는 없다. 예를 들어, "과자 줄까?"를 굳이 "까까 줄까?"라고 말할 필요는 없다. 물론 부모가 아이에게 말을 건넬 때에는 부드럽고 친절한 말투로 하는 것이 좋지만 정확하게 발음해야 한다.

왜 말투가 중요한가? 왜 엄마 말투가 좋은가?

- 어린아이의 주의를 끌기 쉽다.
- 엄마 말은 많은 정보를 담고 있어서 아이가 더 주의를 기울인다.
- 엄마와 아이 사이에 소통이 쉬운 채널을 만들어준다.
- 아이의 음역에 가까운 말일수록 아이가 친근감을 더 많이 느끼고, 말의

이해도를 높일 수 있다.

이 원리를 이용하면, 아이에게 책을 읽어줄 때에나 이야기를 들려줄 때에도 '엄마 말투'를 구사하면 아이들의 머릿속에 오랫동안 남는다.

아이들에게 해서는 안 될 말

어느 지상파 텔레비전에서 조사한 것을 보니까, 요즘 아이들이 부모에게서 제일 듣기 싫어하는 말은 다음과 같은 것들이었다.

> 🤍 **1위** : 어휴(엄마가 자기 보고 한숨 쉬는 소리)
> 🤍 **2위** : 저놈의 컴퓨터 두들겨 부숴버려야지
> 🤍 **3위** : (휴대전화로) 너 거기 어디야, 너 어디 있어?
> 🤍 **4위** : 누구는 1등 했다더라.
> 🤍 **5위** : 넌 누구 닮아서 그래?

여기서 한 가지 짚고 넘어가면 좋겠다고 생각되는 대목이 있다. 과연 부모가 자신은 그런 말을 들었을 때 마음이 편했겠는가 하는 점이다. 해설을 붙여보자.

"어휴!"가 전하는 메시지는 이렇다. "아이고 한심한 녀석, 말이 안 나온다. 될 되로 되라지 뭐. 희망이 있어?" 그러니까 저렇게 말로 표현하기 어려운 감정을 나타낸 한숨 소리가 제일 듣기 싫다는 것이 아닌가? 그러니 아이들 앞에서 '한숨' 쉬지 말자는 이야기를 하고 싶다.

컴퓨터 이야기도 공감이 간다. 만일 그것 때문에 문제가 많다면 먼저 왜

그것이 문제가 되는지 설명해줄 필요가 있다. 예를 들어 이렇게 말한다.

- 하루 24시간 중 4시간을 컴퓨터를 하는 데 매달려 있으면, 인생의 6분의 1이라는 시간을 컴퓨터에 보내는 거지? 너무 많다고 생각 안 돼?
- 얼마나 눈이 나빠지니? 시력을 보호하기 위해서라도 시간을 줄여야 되겠다.
- 거기에 오래 매달려 있으면 다른 일(공부, 집안일, 친구 사귀기)을 못하지 않니?
- 컴퓨터에 의존하면 판단력이 떨어진대. 자발성도 떨어지고, 의존심이 많아진다잖아.

이렇게 말할 것을 "두들겨 부수어야겠다"라고 했으면, 일단 부수어본다. 그게 그렇게 나쁜 것이면 부숴야지. 그러지도 못하고 우리네 부모님들은 '공갈'을 너무 많이 친다.

휴대전화가 문명의 이기임에는 틀림없으나 한편으로 불편한 기기이기도 하다. 아내는 남편의 소재를, 부모는 아이의 소재를, 지금 뭘 하고 있는지를 계속 확인하고 싶어 한다. 말하자면 '사생활'에 가까운 개인 용무를 보는데도 일일이 감시당하는 기분이 정말로 불쾌한 것이다.

'엄친아', '엄친딸'이란 용어가 젊은 아이들 사이에 유행하고 있다. '엄친아'는 '엄마 친구 아들'이고, '엄친딸'은 '엄마 친구 딸'이란 말이다. 엄마가 자기를 엄마 친구의 아들딸과 비교하는 것을 말하는 것이다. 걔는 어쨌다더라. 뭘 잘했다더라. 어느 학교에 들어갔다더라. 이런 말을 들으니 얼마나 기분이 상하겠는가? 아이들이 남과 비교하는 것을 극도로 싫어한다는 것쯤은 알고 있을 텐데도 여전히 그 습관을 버리지 못한다. 반대로 생각해보자. 부모님은 아이들이 다른 집 부모와 비교하는 것이 좋을리 없다.

흔히 집에서 하기 쉬운 말실수 중의 하나가 바로 이 말이다. "너 누구 닮아서 그래?" 정확하게 말하면 아빠와 엄마 둘 다를 닮는다. 그리고 정확하게 유전적인 연계성을 캐려면 복잡하다. 그리 간단한 일이 아니다. 그러니 근거도 없이 터무니없는 말로 아이들의 행동을 고치겠다고 생각하면 큰 오산이다. 부모가 아이들과 웃으면서 반농담, 반진담으로 충고하면 훨씬 더 잘 받아들인다는 사실을 명심해야 한다.

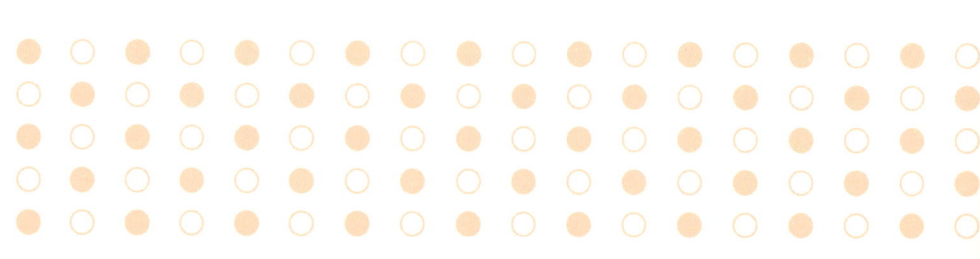

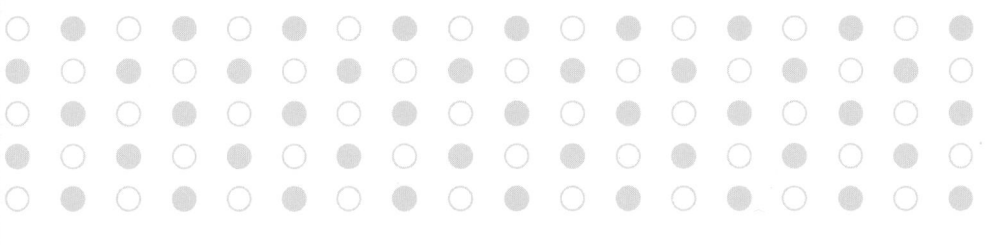

아이와 소통하는 기술

교육도
소통이다
1

가정 안에서 소통의 파이프라인이 막히거나 끊어지면, 거기서부터 골칫거리 교육 문제가 시작된다.

가정교육이 성공하려면 모든 소통의 채널을 열어둔다

소통(疏通)을 영어로는 '커뮤니케이션(communication)'이라고 한다. 이 말에는 전달한다, 병의 전염, 메시지, 소식, 교통, 왕래, 개인 간의 친밀한 관계, 통신기관, 사상의 전달법 등 여러 의미가 있다.

이 모든 의미는 가정 안에서 아주 중요한 구실을 한다. 특히 가정교육에서 그렇다. 소통의 한자 의미는 막힘없이 잘 통한다는 뜻도 있고, 서로 뜻이 같아서 오해가 없다는 뜻도 있다.

교육은 약 50퍼센트 정도는 소통으로, 50퍼센트 정도는 모방으로 이루어진다. 교사나 부모가 말이나 몸짓으로 가르치면 아이들은 이것을 알아듣고 이해하고 체득(體得)한다. 즉, 몸으로 익힌다는 말이다. 한편 아이들은 부모가 의도하든 의도하지 않든 간에 부모나 교사의 행동과 생각하는 방식을 보고 배운다. 이것을 심리학에서는 관찰학습이라고 한다. 보고 배우는 것이 얼마나 많은가?

충격적인 예는, 어릴 때 아빠와 엄마가 자주 싸우고 폭력을 쓰는 가정에서 자란 아이들이 커서 결혼했을 때 자기도 모르게 부모의 행동양식을 그대로 따라서 부부가 잘 싸우고 폭력을 휘두른다는 것이다. 부모가 그렇게 하라고 가르쳤을 리는 없을 것이 아닌가? 보고 배우는 것이 이렇게 무서운 것이다.

그러나 실제로 교사나 부모가 쓰는 교육 수단은 80퍼센트가 언어라는 도구다. 그러나 그것이 아이들에 (소)통해야 교육 효과가 생긴다. 그러니 가정교육을 잘하려면 부모와 자녀가 소통하거나 부모가 보여주어서 배우게 하는 것이 중요하다.

그러면 소통에는 어떤 방법이 있을까?

(1) 감정의 소통

인간은 삶의 보람을 느끼거나 누구를 사랑할 때, 엑스터시를 경험한다. 이 엑스터시(절정적 경험)는 감정적인 것이다. 이성적인 것이 아니다. 생각해서 얻는 것이 아니고 느껴서 얻는 것이다.

감정은 인간의 실존에서 이성보다 더 깊고 원초적이고 중요한 구실을 한다. 사람이 자살을 할 때, '곰곰이 생각해보니 죽어야겠다'라고 판단해서 죽는 것이 아니고, '에잇, 사람이 죽으면 한 번 죽지 두 번 죽나. 이렇게 괴로울 바에야 죽는 편이 나아' 하고 속단을 내려 죽는 것이다. 감정이 결정한다.

소통이란 사람과 사람 사이에 감정을 전달하는 기능이다. 자기의 감정을 다른 사람에게 전달하고 다른 사람의 감정을 전달받으면 그것이 곧 '정(情)'이 된다. 감정의 교류 없이는 진정한 사랑이나 신뢰가 생겨나지 않는다. 부모 자녀 간에도 이런 감정의 소통이 단절되면 관계에 금이 가기 쉽다. 사랑과 신뢰의 감정은 인간관계를 엮는 가장 중요한 소통이다. 이와 관련해서 아주 중요한 연구가 있다.

미국의 소아정신의학자인 캐너 박사가 페닐케톤뇨증으로 인한 소아정신과적인 문제를 연구하다가 자폐증 어린아이에 관해 중요한 발견을 했다. 소아자폐증을 가진 아이는 매우 위축되어 있고, 몇 시간이고 자기 손가락이나 종이조각 같은 것을 가지고 논다. 자기 내부 세계에 갇혀 있으며, 다른 사람과 절대 눈 맞춤을 안 하며, 대화가 불가능하다. 언어적·비언어적 소통에 큰 결함이 있는 것이 특징이다.

그러나 특이한 기억력이 뛰어나 가수 이름, 지하철역 이름, 과거나 미래 어느 날의 요일, 세계 국가명, 노랫말 등 엄청난 양의 정보를 기억하기도 한다. 한 심리학자가 자폐증이 있는 열여섯 살 난 영국의 흑인 소년을 데리고 런던 상공을 30분 정도 돌면서 런던 시가지를 내려다보게 했다. 그러고 나서 지상에 내려와 커다란 판넬에다 아까 본 런던 시가지를 그려보라고 했더니 큰 윤곽은 90퍼센트 이상 정밀하게 그려냈다. 한국의 텔레비전에서도 방송한 일화다.

캐너 박사는 그런 자폐의 원인을 연구하던 중 아주 흥미로운 사실을 발견하게 되었다. 이 아이들의 가정환경을 조사해보았더니 뜻밖에도 상당수가 부모가 고학력에다 전문직을 가진 가정의 아이들이었다는 것이다. 이 부모들은 아이에게 높은 학업 성취를 요구하고 지적 압력을 주면서도 따뜻한 격려나 사랑과 같은 정서적 소통이 적었다는 것이다.

우리네 가정에서는 이런 현상이 없는지 한번 생각해볼 일이다. 아이들에게 지적 압력을 주는 동시에 정서적 표현(애정, 안정감, 신뢰감 같은 것)도 해주어야 정서상의 문제가 안 생기는 것이다.

정서상의 문제란, 잠을 설친다거나, 식욕이 없다거나, 안절부절못한다거나, 사람 만나는 것을 꺼린다거나, 악몽을 꾼다거나, 왠지 모르게 초조해한다거나, 자신감이 없다거나, 열등감을 느낀다거나 마음이 상해 있는 등의 증상이다.

이런 증상이 주로 어떤 경우에 많이 나타나느냐 하면, 부모가 지나치게 아이를 통제하거나 아이의 자유를 제한하는 경우, 아이가 접근하거나 애정을 요구하는 것을 거부하는 경우, 아이를 욕하고 나무라고 때리고 비난하기를 잘하는 경우다. 모두 부모의 일방적 통제와 거부와 비난에서 비롯하는 증세다.

정서(감정)란 근본적으로 유쾌하냐 불쾌하냐 하는 문제다. 아이를 즐겁게 해주려고 노력해야 하고, 부모 자신도 스스로 즐겁게 살도록 노력해야 한다. 그러면 감정이란 것은 이성(생각하는 힘)보다도 전염력이 강해서 자녀에게 쉽게 옮아간다. 부모가 즐겁게 살고, 즐겁게 일하고, 즐겁게 부부 생활을 해야 아이들의 삶도 즐거워진다.

감정의 소통을 원활하게 하려면 이렇게 해본다.

■ 아이를 있는 그대로 받아들인다.
  "이러이러해야 한다", "누구만도 못해서야!"라는 식으로 요구하지 말고,
  현재 아이의 자연스러운 상태를 일단 인정한다.

- "나(우리, 엄마, 아빠)는 너를 지극히 사랑한다"라는 메시지를 보낸다. 가끔 일부러 불러서, 서로 지나치면서, 나들이하면서 볼에 뽀뽀를 해주거나 어깨를 감싸주거나 껴안아준다.

- "나(우리)는 너를 믿어"라는 메시지를 보낸다. 즉, 아이가 하는 말이 거짓말인 줄 알면서도 어떤 때는 속아준다.

- 아이들도 자기 감정을 표현할 기회를 갖게 해준다.

- 아빠와 엄마가 서로 사랑하고 믿고 의지하고 존경하는 모습이 행복하게 보여야 한다.

- 아이들이 감정적으로 상해 있을 때, 그것을 털어놓을 수 있는 너그럽고 자유로운 가정 분위기를 만든다.

- 부모와 자녀 사이의 관계는 이성적·타산적·사무적 관계가 아니고, 정서적·비타산적·사사로운 관계이기 때문에, 아이들의 감정의 움직임에 늘 신경 쓰고 그것을 소중히 여기고 받아들여야 한다.

(2) 지식과 정보의 소통

옛날 부모는 살아온 경험과 경륜, 거기서 얻은 지식으로 자녀를 압도했다. 그러나 지금은 대학 교수를 지내고 박사인 할아버지보다 아홉 살짜리 초등학교 3학년 손자가 더 많이, 더 정확하게 알고 있는 것이 많다.

예컨대, 컴퓨터, MP3, 디지털카메라, 모바일 DB, 닌텐도 DS에 관한 정보는 손자가 훨씬 더 많이 가지고 있고, 도리어 할아버지를 가르친다.

소통에는 정보와 소식과 지식의 전달을 통한 소통이 있다. 내가 아는 바를 상대방에게 전달하고 상대방이 가진 정보를 내가 얻는 과정이다. 모든 교육의 프로세스가 여기에 속한다. 교사나 어른은 어린아이나 학생들에게 자기가 가지고 있는 바 가치 있는 정보·지식·소식 등을 전달해주는 것이다. 이 기능이 교육의 대부분을 차지한다.

요즘의 사이버대학, 디지털대학, 방송통신대학 등은 바로 인간적 접촉, 즉 면대면(face to face)의 관계 없이도 교육이 가능하다는 것을 보여주는 예다. 즉, 정보와 지식의 전달에는 감정적 접촉이 없어도 가능하다.

그런데 소통에는 이런 전달 기능만이 아니라 나눈다(sharing)는 기능이 있다. 일방적으로 전달하기만 하는 것이 아니라 주거니 받거니 하는 기능이 있다. '정을 나눈다'라고 하지 않는가?

그러니까 정보와 지식의 소통은 양방향으로 가는 것이다. 어떤 정보학자의 계산에 따르면, 지금의 여섯 살 아이가 가지고 있는 정보의 양이 예순 살 된 자기 할아버지가 가지고 있는 정보의 양과 같다는 것이다. 부모와 자녀 간에는 정보와 지식을 항상 활발하게 나누는 분위기를 만드는 것이 좋다. 지식과 정보의 소통에는 지식과 정보만 소통하는 것이 아니라 생각하는 방식도 동시에 소통한다. 옛날의 부모가 아이들에게 권위를 행사할 수 있었던 것은 부모가 살아온 경륜으로 인해 지식과 정보가 훨씬 더 많았기 때문이다.

"얘, 그것도 몰라?" 하고 나무랄 수 있었지만, 지금은 거꾸로 아이들이 "엄마는 그것도 몰라?" 하고 대든다.

- 부모는 아이들 보는 앞에서 신문, 잡지, 책 읽는 모습을 보여주면 좋다.
- "그것도 몰라?", "공부해, 공부", "이 멍청아"라는 식으로 아이를 다그치지 않는다.
- "내가 알기로는 말이야, 그건 이렇고 이렇단다. 그건 이렇게 해결하는 것

이 좋을 것 같아. 넌 어떻게 생각하니?" 하는 식으로 말하면 아이들이 부모를 더 좋아하고 존경하게 된다. 왜냐하면 자기의 인격을 존중해주기 때문이다.

- ■ "이 문제에 대해 너의 의견이나 생각을 말해봐."
- ■ "네가 더 잘 풀 것 같은데, 요즘 아이들 정말 똑똑해."
- ■ 부모가 아이들에게 지성적으로 보이려면 판단을 내릴 때 공정성과 객관성을 지키는 것이 중요하다. 비록 개인이 손해를 보더라도 옳고 그른 것은 그런 공정성과 객관성을 가지고 가늠하는 태도를 보여주어야 한다.

(3) 이심전심으로 가치감정(價値感情)을 공유하라.

소통을 하면서도 가정이라는 공유 공간에서 살아가면서 서로 사소한 의견 차이는 있을 수 있다. 또 때로는 가치관 차이를 조정할 필요도 있다. 왜냐하면 그것은 인생관, 사회관, 운명관에도 영향을 미치기 때문이다. 너무 다르면 갈등이 생기고, 그것 때문에 이혼도 하고 법정에까지 가는 수도 있다.

가정의 소통은 지적(정보, 지식), 정서적(감정, 표현), 신체적(스킨십), 경제적(금전, 재화) 소통의 네트워크 속에서 이루어진다. 말하자면 총체적 소통이 이루어지는 공간이 가정이다. 이러한 가운데서도 집안에서의 소통은 이심전심(以心傳心)으로 이루어지는 경우가 많다. 꼭 말로 안 해도 전해지고 전달이 된다. 알아차리게 된다. 옛날에는 할아버지의 기침 소리와 장죽(긴 담뱃대)으로 재떨이를 두들기는 소리로 안방이나 부엌에서 알아차리고 행동을 준비했듯이, 지금도 가정 안의 소통은 그렇게 이루어지는 경우가 많다.

- 주말에 아버지가 운동모를 쓰고 가벼운 차림으로 나타나면 '얘들아 나들이 가자' 라는 신호가 된다. 말로 할 필요가 없는 무언의 약속인 것이다.
- 무언의 메시지 전달 방식을 이용한다. 스킨십, 얼굴 표정, 손의 동작 등을 이용해서 '사랑', '신뢰', '존중', '이해'의 메시지를 보낸다.
- 특히 다른 가정과 차별화되는, 그 가정 특유의 이심전심 메시지를 보내면 문제를 쉽게 해결할 수 있다.
- 가치감정('뭐는 좋은 것, 뭐는 나쁜 것' 하고 판단하는 것을 말함)이나 가정의 규율 같은 것을 전하고 싶을 때에는 이런 이심전심 방법을 쓰면 아이가 훨씬 빨리 알아차린다. 부모는 잔소리를 안 해도 좋으니 일석이조다.

(4) 가족원간에 대화할 기회를 자주 만든다.

소통을 하는 데 가족원 간의 자연스러운 대화만큼 자녀의 교육과 가정 평화를 위해서 좋은 방법은 없다. 대화란 말을 주거니 받거니 하는 것인데, 영어의 'dialog'에는 대화란 의미만 있는 것이 아니고, 문답, 의논, 공동 이해를 얻기 위한 의견 교환, 토론과 같은 의미도 있다. 그러니까 대화는 그저 말을 주거니 받거니 하는 것만이어서는 안 되고, 의논도 하고, 합의도 보고, 토론도 하고, 질의응답도 하는 과정이 포함되는 것이다.

우리네 가정에서 하는 대화는 어떤 것일까? 과거 가부장적 가정 분위기나 전제적 통제 분위기에서는 대화가 없었다. 어른의 결정을 따르는 것이 전부였다. 특히 아녀자(兒女子), 즉 아이들과 여자는 가사 결정 과정에 참여시키지도 않았다. 그러다가 해방되고, 사회가 민주화되고, 교육의 보급으로 가정경영도 민주화되면서 대화가 필요하게 된 것이다.

'dialog'와 비슷한 말로는 'dialectic'이라는 단어가 있다. 이것은 '변증법(辨證法)'이라는 뜻을 가진 낱말이다. 어떤 의견이나 사상이 군건하면 한동안은 그것이 효력을 발생한다. 그러다가 여기에 대해서 의문이 생기고, 반대되는 생각이 생기면, 이 두 가지 생각이 충돌하고 발전해서 종합되고 더 좋은 생각이 되기도 한다. 이런 과정을 역사 발전의 원리로 보는 입장에서 나온 말인데, 이를 변증법적 발전이라고 한다. 대화를 하면 이런 변증법적 발전이 일어난다.

아버지의 생각이 한동안 옳았으나 시대가 변하니까 아이들이 자꾸 새로운 생각을 내민다. 토론을 하다 보면 아버지 생각과 아이들 생각이 합쳐져서 더 좋은 생각으로 발전한다. 이런 것이 대화의 좋은 점이다.

가족 간의 대화는 유연해야 한다. 언성을 높이거나 대화하다가 벌떡 일어나서 휙 나가버린다거나 하면 안 된다. 왜냐하면 대화는 더 좋은 것을 얻으려는 방법인데, 사태를 악화시키는 결말을 봐서야 되겠는가? 한국인의 아주 잘못된 문제 해결 방법은 작은 문제를 큰 문제로 키우는 것, 문제를 해결하기보다 새로운 문제를 제기하는 것 등이다.

대화가 지속되고 스스럼없이 이루어지는 가정에서는 가족원 간의 갈등이 적고, 있어도 쉽게 해결된다. 가정의 평화가 유지되고, 갈등으로 인한 정신병리적 증후도 나타나지 않는다. 이러한 병리 현상으로는 정서불안, 가족원 간의 상호 불신, 아이들의 가출, 정서장애, 거식증 혹은 폭식증, 등교 거부, 과식, 습관성 구토증, 강박증, 자살, 자녀 학대, 존속

학대, 인격장애, 비행, 가정 폭력 등이 있다.

　그러니까 이런 소통이 원만하고 순조로우면, 아이의 정신건강, 학습 성취, 정서 생활, 인격 성장에 아주 긍정적인 영향을 준다. 이와 같은 원만한 소통을 위해 부모가 할 수 있는 일은 다음과 같다.

- 부모가 적극적으로 대화에 나선다. 아이가 부모에게 뭔가 이야기하고 싶어 하는 눈치가 보이면 언제든지 대화에 응해준다.
- 대화의 시작은 일상적이고 신변적인 하찮은 이야기에서 시작한다. 엄숙하고 심각한 이야기로 시작하면 그 대화는 중간에 깨지기 쉽다.
- 대화는 상대방의 말을 들어주는 데서 시작하자. 듣는 귀와 가슴을 열어놓고 대기한다. 그러한 마음의 준비가 필요하다. 가능하면 가정의 분위기 자체가 열려 있으면 더욱 좋다.
- 유머가 섞인 대화를 하면 더욱 좋다. 심각한 문제도 유머를 이용하면 의외로 쉽게 풀릴 수 있다. 아이가 열 살밖에 안 됐는데 이성 친구가 있어서 홀딱 빠져 있는 것 같다. 이때 소문을 듣고 엄마가 무조건 윽박지르면 안 된다.

　"얘, 너 좋아하는 여자 친구 있댔지? 한번 집에 데리고 와봐. 어떻게 생겼는지 보자꾸나. 너한테 어울리는지 어떤지, 장차 우리 며느리가 될 만한 아이인지 어떤지 한번 봐야 될 것 아니니?" 웃으면서 이렇게 말하면 대개 아이는 "아니야, 그저 친구야" 한다. 그러면 한 걸음 더 나아가서 "걔 예뻐? 공부는 잘해? 걔 어디가 좋으니?"라고 하면 문제가 쉽게 풀린다. 심각하지 않게 말하는 기술이 필요하다. 이쯤 하면 아이가 부모에게 거짓말할 필요 없이 솔직하게 고백한다. "우리 결혼 같은 것 생각한

일 없어"라고 할지도 모른다.

- 가족 간에 아주 작은 것이라도 선물을 주고받는 것은 좋은 소통 방법이 될 수 있다. 엄마가 짠 장갑, 엄마가 수놓은 손수건, 아이들이 만든 종이접기 작품 지갑, 방석, 휴대전화 고리 등 작은 것이라도 주거니 받거니 하는 것은 하나의 소통 방법이 된다.

- 가족 이벤트를 가끔 만든다. 아빠나 엄마가 기획하거나 아이들이 기획해서 서로 감동하게 만든다.

- 가족끼리 짧은 여행을 자주 간다. 당일 코스나 주말에는 1박 2일, 혹은 오후 반나절 나들이라도 함께 가는 기회를 만든다.

- 맛집 순회도 좋다. 방송이나 잡지에 나오는 맛집 순례도 퍽 재미있는 이벤트가 될 수 있다. 추억도 만들고 음식에 취해보기도 한다.

- 생일, 기일, 입학, 방학, 수상 등 명분이 있으면 가족 행사를 연다. 특히 부모님 결혼기념일은 아이들에게도 의미가 있다. 왜냐하면 그날은 이 가정이 출발한 날이기 때문이다. 가족의 화목을 위해서 활용한다.

- 시부모가 며느리 생일을 챙겨주면 좋다.

- 자주 웃는다. 그리고 웃을 일을 만든다. 심각한 표정으로 말없이 앉아 있는 가족은 좋지 않다.

- 같은 종교집회에 다닌다.

- 공연(연극, 영화, 음악회 등)에 함께 간다.

대화가 주는
효과를 잊지 마라
2

부모 자녀 간의 즐거운 대화가 아이의 어휘를 늘려주고 정확한 말 사용의 본을 보여주고, 표현 욕구나 의사소통 욕구를 높여주기도 하지만, 또 다른 효과도 있다.

아이의 마음을 안정시켜준다

이이가 그날그날 학교에서 겪는 일들 중에는 스트레스를 유발하는 사건이 반드시 있게 마련이다. 그런 이야기를 엄마나 아빠한테 해서 위안을 받고 싶은데, 이야기를 들어줄 사람이 없으면 억울(?)했던 감정을 풀 수가 없다. 그 이야기를 안 하면 밤에 잠을 잘 수 없을 정도로 분했던 이야기 같은 것을 엄마나 아빠한테 이야기하면 스트레스가 확 풀릴 수 있다.

아이는 자기가 하고 싶었던 이야기가 반드시 있다. 생일날 선물의 종류, 방학 때 갈 여행지 이야기, 할아버지나 할머니를 만나면 엄마가 때린 이야기(억울하게 맞았다는 것)를 하고 싶을 때가 있다. 이럴 때에는 이야기하는 것만으로도 마음이 시원해진다. 부모는 들어주기만 해도 아이들의 속이 시원해지니까 진지한 표정으로 귀담아들어 주어야 한다. 다만 이야기의 내용은 아이의 입장에서는 절실하지만 아주 일방적이고 주관적인 내용이 있으므로 그 말을 곧이곧대로 믿을 필요는 없다.

가족 간의 대화는 아이에게는 어휘를 늘릴 좋은 기회다

요즘 어린아이들의 말을 들어보면 깜짝 놀라는 경우가 많다. 방송에 나오는 아이들을 보고 있노라면, 아이들이 끔찍스럽다고 느낄 때가 있다. 그 아이들이 사용하는 어휘에 어른의 용어가 너무도 많기 때문이다. '사고방식'이니 '트렌드'니 '패션'이니 '인기 절정'이니 '경제적'이니 하는 고급 어휘를 구사(?)하는 것을 볼 때, 아이들이 얼마나 매체의 영향을 많이 받고 자라는지를 알 수 있다.

열 살 이전의 아이의 언어능력은 거의 전적으로 부모의 언어능력과 깊은 상관관계가 있다. 부모가 쓰는 어휘와 부모의 문법을 듣고 배운다. 독서를 많이 해서 스스로 어휘를 익히기 전까지는 부모와 학교 교사의 영향이 절대적이다. 그런데 학교의 영향력이란 모든 아이에게 똑같이 미치는 것이니까 개인차를 만드는 것은 역시 부모나 다른 가족원의 언어생활이다.

가족원의 교육 수준, 가정의 지적 분위기, 가족원의 언어능력, 가족원의 언어 사용 습관 등이 아이의 언어능력과 습관에 큰 영향을 미친다. 미국에서는 아이가 어릴 때부터 말을 사용해서 문제를 해결하는 태도를 보이기 때문에 토론을 아주 잘한다.

반면 우리나라는 '참는 것', '말 안하고 입 다물고 있는 것', '잠자코 있는 것'이 문제 해결이라고 생각하니까, 말의 문화가 덜 발달되었다. '무언의 문화', '무언의 미덕', '침묵의 덕성' 같은 것이 칭송받는 사회였다. 아직도 그런 문화적 유산이 남아 있어서 말로 문제를 해결하려는 것에 거부감을 가지고 있다. 그러나 글로벌 시대에 자기 의사를 분명하게 효과적으로 발표하는 것은 능력에 속하는 미덕이다.

대화는 아이의 언어를 풍부하게 한다. 그리고 효과적인 언어구사능력을 길러주면, 말하는 기술과 듣는 기술과 태도를 길러주는 데 효과적이라고 생각한다. 그런 점에서 부모는 아이와 대화할 때 좀 더 신경을 써야 한다. 입에서 흘러나오는 대로 말하는 것보다는 다듬어진 말을 하도록 노력하고, 말할 때에는 논리(이치에 맞는 말)를 생각하며 말하고, 말의 의미도 생각하면서 말하는 태도를 가져야 한다.

부모가 가끔 새로운 낱말을 들려주고 뜻을 가르쳐준다든지, 아이들이 쓰는 낱말 중 잘못 쓰는 말이 있으면 바로잡아 주는 것도 좋다. 부모의 어휘력이 곧 아이의 어휘력이 된다.

비단 어휘력뿐 아니라 표현력과 생각하는 힘도 길러준다. 대화는 말을 주고받는 것이니까 상대방(부모나 어른)의 언어 사용에 신경을 쓰게 되고 영향을 받는다. 그래서 외동은 말이 어른스럽다. 또 상대방의 생각 내용과 생각하는 방식도 듣고 배운다.

서양 사람들이 대화를 잘하는 이유는, 어릴 때부터 'talk to(누구에게 하는 말)'가 아니라 'talk with(누구와 더불어 하는 말)'로 하는 대화가 일상화되어 있기 때문이다. 대화는 많이 할수록 잘할 수 있다. 서양은 토론 문화가 정착되어 있어서 어디서든지 토론을 한다. 서양의 광장은 원래 시민들이 토론을 하도록 만들어진 것이다. 고대 그리스의 토론 문화가 서양 사상을 만드는 원동력이 되지 않았는가?

우리나라와 같은 유교 문화권에서는 대화보다는 장유유서의 질서에 의해서 어른이나 선배가 아이나 후배에게 일방적으로 가르치고 지시하는 양식을 따랐다. 그래서 대화 문화가 없는 것이다.

가족 간의 대화는 인간관계 만들기의 기본이다

풍부한 언어구사력을 갖추려면, 생각과 느낌을 표현하려고 하고 다른 사람들과 스스럼없이 의사소통을 하려는 의욕을 가져야 한다. 기본적으로 이런 의욕이 없으면 언어능력은 안 는다. 자기 생각이나 의사를 말로 표현하려는 의욕이 있어야 하는데, 서양 문화는 언어 표현 문화여서 자기가 생각한 바가 있다거나 남과 다른 생각을 가지고 있으면 그것을 적극적으로 말로 표현한다.

반면에 우리나라와 같은 동양 문화권은 언어 표현의 문화라기보다는 직관·관조·침묵·통찰·이해와 같은 비언어적 양식으로 문제를 해결하는 문화였다. 나아가 명상·참선·요가·기도와 같은 수단으로 문제를 해결하려고 노력해왔다.

이제는 세계가 한 덩어리가 되어가고 있어서 그 흐름에 어울리는 인재를 길러야 한다. 이제는 지도자가 되려면 말을 잘해야 하는 것이다. 외국어도 몇 가지는 해야 된다. 반기문 유엔사무총장도 영어와 불어를 유창하게 구사한다. 그 정도는 되어야 국제기구에서 일할 수 있다. 영어를 모르면 안 되지만, 영어만 가지고도 안 되는 세계에 우리가 살고 있다. 우리나라에 와 있는 외국인 중 한국말을 하는 전문가도 굉장히 많아졌다. 독일 태생으로 우리나라에 귀화한 이참 씨가 한국관광공사 사장이 된 예도 있다. 이분은 독어, 영어, 한국어 등 여러 나라 말을 할 줄 안다고 한다. 한국 기업들이 외국에 진출해서 크게 사업을 벌여놓았으니 한국 업체에 취직하려면 한국말을 구사할 줄 알아야 하지 않는가? 마찬가지 이치다.

이런 자기표현 욕구와 커뮤니케이션 욕구는 풍부한 인간관계를 만드는 데 가장 기본적인 조건이다. 그리고 이것은 일생의 인간관계를 좌우한다. 많은 사람과 두터운 친분으로 잘 지내려면 기본적으로 필요한 조건인 것이다.

아이들에게 이런 의욕을 키워주려면 대화가 즐거워야 한다. 말하자면 자유롭게 재잘거리거나, 우스갯소리를 하거나, 학교에서 있었던 일이나 재미있었거나 슬펐던 이야기를 아이들이 마음 놓고 해도 야단맞는다는 생각이 안 들게 하는 분위기가 중요하다. 학교에서 아이가 실수한 일을 말하면 부모는 야단부터 친다.

"아이 이 바보야, 그런 짓을 왜 해?"

이런 식으로 말해서야 어디 대화가 되겠는가?

부모도 그날 있었던 이야기를 해주고, 책 읽은 이야기, 텔레비전 내용 중에서 재미있었거나 유익했던 이야기를 하고, 서로서로 상대방의 말을 들어주는 태도를 갖도록 노력하는 것이다.

'아! 이런 이야기는 해도 괜찮구나. 재미있게 이야기해야지' 하고 속으로 생각하고 표현할 수 있으면 아이는 그 시간이 행복할 것이다. 이때 아이들에게도 표현에 대한 의욕이 솟아난다.

대화는 자기를 되돌아보는 기회를 준다

어른들도 일기를 쓰고, 자서전을 쓰고, 남에게 이야기함으로써 자기의 삶을 돌이켜보게 된다. 마찬가지로 어린아이도 부모에게 자기가 한 일을 말함으로써 자기의 행동을 평가할 수 있다.

친구하고 싸운 이야기를 한다. 그러면 부모는 왜 싸우게 되었는지를 알려고 하고, 잘잘못을 판단하고 싶어 한다. 이때 누가 잘하고 잘못했는지를 객관적으로 말해준다.

아이가 친구하고 싸워서 울고 왔다고 하자.

"오늘 친구하고 싸웠다지? 왜 그랬니?"

"……"

"그래? 왜 그 애가 너를 미워하는지 생각해봤니?"

"……"

"그럼, 그 애가 특별히 뭘 잘못했다고 생각하니?"

"……"

"너는 그 애한테 어떤 감정을 가지고 있지?"

"……"

"그럼 싸우고 나니 어떤 기분이 들어? 그 애하고는 앞으로 같이 안 놀거야? 같은 반에서 공부하면서? 반을 옮길 수는 없잖니?"

이런 식으로 말해주면 싸운 이유, 누가 잘잘못을 했고, 본인이 사과를 해야 할지 그 애보고 사과하라고 해야 할지를 판단하게 된다. 즉 '생각하게' 된다는 말이다. 이때 절대로 죄인을 다루는 형사처럼 신문하는 조로 말해서는 안 되고, 암암리에 설교조로 따져도 안 되고, 화를 내서도 안 되고, 분에 못 이겨 부모가 흥분해서도 안 된다. 아이들이 싸우지 않고 지내기란 거의 불가능하다.

공감적으로 이야기를 끄집어내듯이 유도해야 한다. 그래야 그 싸움의 근원적인 문제(쌓여 있던 감정이나 원한)도 알아내게 된다. 심사숙고하고 자기 일이지만 객관적으로 따져보는 태도를 길러주는 것이 필요하다.

자기를 되돌아보게 한다는 말은, 다른 말로 하면 자기를 객관화해서 바라볼 기회를 준다는 말이다. 대화를 통해 자기의 느낌이나 생각을 표현할 수도 있지만 어른들이나 부모의 생각과 느낌도 알게 되고, 스스로 갖고 있는 자기 모습에 대해 부모나 어른이 다르게 보고 있다는 것도 알게 되기 때문에 아주 좋은 기회인 것이다. 속마음을 솔직하게 드러내는 것이 바람직하다. 거짓으로 꾸며서 속으로 터지게 하는 것보다 낫다. 그래야 문제가 해결되지 않는가?

어린아이는 자기를 객관화하기 어렵다. 더욱이 아이는 생각을 고쳐먹는다는 것을 모른다. 그런 능력이 아주 약하다. 말로는 "잘못했어요" 하는데 그러면 어떻게 하면 되는지를 잘 모른다. 부모가 "그건 잘못한 거야" 하니까 "잘못했습니다" 하고 빌지만, 실은 그것을 곧이곧대로 받아들이면 안 된다. 왜 그것이 나쁜지 잘못된 것인지, 왜 자신이 그렇게 했는지를 돌이켜보게 해준다.

부모 자녀 간의 신뢰를 깊게 해준다

갓난아기나 젖먹이는 부모에게 전적인 신뢰를 보인다. 왜냐하면 본인은 무력하니까, 부모가 아니면 죽을지도 모르니까. 이런 관계를 '기본적 신뢰감'이라고 한다. 이 기본적 신뢰감이 부모 자녀 사이에 형성이 안 되어 있으면, 후일 살아가면서 여러 가지 적응상의 문제를 일으킨다는 것이 심리학자들의 이야기다.

부모 자녀 간의 대화는 부모에 대한 자녀의 신뢰감을 더 깊게 해준다. 밥 먹으면서도 하고, 텔레비전 보면서도 하고, 집안의 행사가 있어서 음식 준비(마늘 까기, 감자 껍질 벗기기)를 하면서도 대화를 한다. 이렇게 자란 아이는 커서도 자기 자녀와 대화하는 것을 즐긴다.

서양 사람들은 원래 대화가 능하다. 고대 그리스 시대를 보더라도 민주주의가 발달되어 있어 도시의 광장에서 시민들 사이에 토론이 오갔다. 그래서 웅변을 가르쳤고, 궤변을 늘어놓은 소피스트가 성했다는 역사적 사실도 있지 않는가? 소크라테스가 그 궤변론자들 때문에 모함에 걸려들어 독배를 마시게 된 것이다.

그런 토론 문화가 없었던 아시아 문화권에서는 대화가 어려웠던 것이 사실이다. 그래서 대화 기술이 늦게 개발된 것이다. 우리 문화 속에서 대화가 잘 안 되는 이유는 이렇다.

- 아이들이 말하고 싶은 것이 있어도 엄마 아빠가 잘 들어주지 않는다.
- 이야기를 해도 대개 공감을 안 해주고 야단맞기 일쑤다.
- 본심, 속내를 말했다가는 설교만 듣고 만다.
- 따뜻하고 인간적인 말, 정에 겨운 말, 감동을 주는 말을 별로 안 한다.

이런 느낌을 아이들이 가지고 있다면 대화가 잘될 리 없다. 아이들이 뭔가 말하려고 하다가 머뭇거리는 일이 없어야 한다. 그래서 눈치로 알아차린 부모가 "애, 뭐 할 얘기 없니? 얘기해봐"라고 물을 때 "아무것도 아니에요"라거나 "뭐 별로요" 혹은 "엄마하고는 관계가 없어"라고 말하면, 이때 부모가 "너 또 뭐 저질렀구나?"라는 식으로 말하면 안 된다.

아이들이 뭔가 하고 싶은 말이 있어도 머뭇거리게 만드는 것 자체가 안 좋은 현상이다. 그리고 "너 이날 이때까지 키워놨더니 겨우 그게 전부야?"라거나 "왜 그 모양이야?"라는 식으로 접근해서도 안 된다.

또한 "엄마 바쁜 것 알지 않니? 나중에 하자"라거나 "듣기 싫다. 만날 그 이야기가 그 이야기지 뭐"라고 넘겨버려도 안 된다.

대화는
최고의 코칭
3

대화에는 코칭 기능이 있다

코치란 스포츠 단체에 배치되어 선수들에게 기술을 연마시키거나 정신 훈련을 시키는 지도자를 말하는데, 이들 중 우수한 지도자로 인정받으면 감독이 된다. 코치는 실무적이고 실기적인 지도를 함으로써 선수들의 경기 능력을 향상시킨다. 감독이 방침과 전략을 결정하고 방향을 제시하는 지도자라면, 코치는 전술을 지도하는 지도자다.

우리나라 부모님들은 아이들 교육에 전략적으로는 뛰어난 것 같은데 전술 차원에서는 별로 신통치가 않다. 아이들을 일류 대학, 외국의 명문 대학에 보내기 위해 뚫고 나가야 할 코스는 잘 안다. 그래서 기러기 아빠가 수천 명에 이르게 되었다. 그런데 전략적으로 들어맞았다고 해서 전술적으로도 반드시 성공한다고 할 수가 없다.

예를 들면, 아이의 교육 문제, 건강 문제, 이성 문제를 해결하는 데 대화가 중요하다는 것을 알고 그것을 주장하고 실천하는 부모가 많다. 그런데 실제 상황을 보면 대화 방식이 서툴고 실패하는 경우가 많다.

부모 자녀 간에 잘된 대화는 확실히 코칭 기능을 갖는다. 무엇보다도 중요한 것은 대화를 즐겁게 해야 한다는 점이다. 무겁고 딱딱하며, 심문 받는 것 같은 분위기에서 한다면 대화는 오히려 역효과를 낼지도 모른다. 안 한 것만 못한 결과를 낳는다는 말이다.

코칭의 개념을 정리하면 다음과 같다.

- 지금까지 스포츠 분야에서만 사용해왔지만, 최근에 들어와서는 비즈니스나 교육 분야에서도 이 말을 쓰게 되었다.
- 본인에게 원래부터 갖추어져 있던 능력을 끄집어내는 것을 목적으로 한다.
- 대화나 질의응답과 같은 커뮤니케이션 방법을 통해 시행한다.
- 지금까지 막연했던 목표나 방향에 대해 커뮤니케이션(상호 소통)을 함으로써 아이가 명확한 이미지를 가질 수 있도록 한다.
- 또 그것을 실현하는 과정에 발생하는 문제점을 찾아내게 한다.
- 더불어 그 해결 방법도 찾아내게 한다.
- 필요에 따라서는 효과 있는 충고도 해준다.

즉, 코칭이란 자신이 성장하기 위해 도움을 받는 수단이다. 지시나 명령과 같은 방법은 될 수 있는 대로 삼가고, 스스로 알아차리도록 도와주는 것이다. 그중 가장 효과가 있는 방법이 대화이고 커뮤니케이션이다. 그래서 궁극적으로는 자기 스스로 하려는 마음을 갖게 하고, 자기 스스로 알아차리고 방향을 바로잡도록 도와주는 수법이다.

그런 점에서 보면 대화야말로 아이들에게는 최고의 코칭이다. 이 이상 더 좋은 방법은 없다. 그리고 코치로서 가장 적임자는 부모다. 아이를 가장 잘 이해하고 아이의 마음속으로 접근할 수 있는 것이 부모이기 때문이다.

아이가 학교에서 받아쓰기를 잘못해서　자를 몇 개 받아왔다고 하자.

"애, 넌 다른 애들 다 하는 그까짓 것도 못해서 ○○점밖에 못 받아? 게을러서 그렇지 뭐. 넌 아빠 닮아서 좀 그래"라고 한다면, 아이가 '난 아빠 닮아서 게으른 거구나'라고 믿고 공부를 안 하게 된다. 이럴 때는 이렇게 말해주는 것이 좋다.

"엄마도 초등학교 저학년 때 처음에는 받아쓰기를 잘 못해서 점수가 별로 안 좋았지만, 다른 아이들이 30분 공부하면 나는 40분 공부하고 다른 아이들이 1시간 공부하면 나는 1시간 반 공부했더니 성적이 쑥쑥 올라가서 여러 번 100점 받았어."

이런 것이 코치로서 부모가 할 수 있는 일이다.

다음으로 좋은 코칭의 예를 들어보겠다. 한 초등학생에 관한 이야기다. 초등학교 2학년인 손녀에게 학기가 끝날 때마다 할아버지와 할머니가 '표창장'을 하나씩 만들어준다. 표창장의 내용은 옆과 같다.

대화를 통해 아이의 꿈을 키워주자

대화하는 기술이 서툴러서 대화가 자칫 잔소리로 끝나는 경우가 많
다. 그러나 대화를 재미있게 잘하면 아이의 장래를 움직일 만큼 중요한
변화를 줄 수도 있다.

간식을 같이 먹으면서, 차를 마시면서, 식사를 하면서 자연스럽게 대
화 속으로 들어갈 수 있다. '오늘은 아이들과 대화해야지' 하고 마음먹
고 아이들이 학교 갔다 돌아와서 모이자 엄마가 아이들을 불러, "애들아

이리 오렴, 우리 대화하자" 하면 좀 어색하지 않은가? 아이들이 "엄마 좀 이상해졌어. 왜 새삼 안 하던 일을 해?" 하고 덤비면 어떻게 할 것인가?

"엄마, 어디 교양 강좌 듣고 왔군. 우리도 다 알아요, 대화가 중요하다는 거."

이쯤 나오면 부모는 할 말이 없어진다.

대화의 계기로 방학이 좋다

어떤 가정의 이야기다. 2008년 봄방학 때 아들 내외와 손녀와 함께 강원도에 있는 스키장에 갔다. 그때 할아버지, 할머니는 손녀와 아주 즐겁게 대화를 했다. 돌아오는 길에 정선에 있는, 안정의 씨가 운영하는 인형극장에 들러서 '인형박물관' 구경도 하고 손녀에게 인형도 선물했다.

여름방학이나 겨울방학은 좀 부담감이 있다. 숙제도 해야 하고, 기간이 기니까 시간 관리도 어렵다. 그러나 봄방학은 부담감이 적고 해방감이 있다. 이제 학년이 하나 올라가니까 기대감도 있다. 하나의 단락을 지을 수 있는 시기이기 때문에 여러 가지 이벤트도 할 수 있다. 다음 단계의 새로운 출발을 위해 계획도 세우고, 다짐도 하고, 목표도 가져볼 수 있다. 인생의 한 고비인 것이다.

그래서 이 기간에 부모가 아이들과 자연스럽게 대화할 절호의 기회를 잡을 수 있다. 나들이를 하면서 할 수도 있고, 연극·영화·오페라·무용·콘서트 등에 가면서 할 수도 있다. 각종 문화 시설을 관람하며 외출을 할 때야말로 자연스럽게 대화하기 좋은 기회가 된다.

즐거운 대화 속에서 꿈과 목표 이야기를 하자

이 기회에 아이의 꿈을 들어보고, 이야기를 나누어보자. 초등학교 4학년인 아들을 둔 부모가 있었다. 부모는 나중에 아들이 한의사가 되기를 바랐다. 전에는 아빠나 엄마가 이다음에 커서 한의사 공부를 하라고 하면 좋다고 말해왔는데, 어느 날 아이가 불쑥 "엄마 나 크면 패션 디자이너 될래"라고 말하는 것이다. 그 생각이 엄마 아빠의 소망과 거리가 멀어서 "왜 그런 생각이 들었니?"라고 되물으니 "나는 옷 만드는 거 재미있고 잘할 것 같아"라고 대답했단다. 이럴 때 당황할 필요도, 그렇다고 무시할 필요도 없다. 아이의 생각은 고등학교 2학년 정도까지는 너댓 번 바뀐다. 그러니까 아이가 그렇게 대답했다고 해서 너무 심각하게 받아들일 필요는 없다. 그냥 애교로 받아주되 진지하게 들어줘야 한다. 그렇다고 불러 앉혀놓고 긴장된 상태에서 물어볼 필요는 없다. 그러면 아이는 설교 듣는 기분이 될지도 모른다.

부모는 아이와 공부하는 일, 생활에 관한 일, 운동이나 과외 공부에 관한 일, 엄마 도와준 일, 읽고 싶은 책, 관람, 견학, 여행에 대해 이야기를 나눌 수 있다.

학년 말, 봄방학 때 아이가 새로운 소망을 가지고 어떻게 생활할지를 물어볼 때에는 자연스럽게 해야 한다. 그리고 아이의 학교 성적 같은 것은 결과보다 과정에 대해 인정해주고 칭찬해주는 것이 좋다. 예를 들어, 노트 같은 것을 보고 "너 열심히 공부했구나, 잘했어. 그렇게 계속하면 앞으로 더 잘할 수 있을 거야"라는 식으로 지금의 성적이 좀 좋지 않아도 격려해주면 좋다.

공부의 목표나 방법에 대해 의논한다

새로 시작하는 학기에 대비해서 새로운 목표에 대한 이미지를 머리에 그리게 하면 좋다. 그 이미지는 될 수 있는 대로 구체적인 것으로 갖게 한다. 새해에는 무엇을 어떻게 공부할 것인지를 구체적으로 의논하는 것이 좋다. 막연하고 일반적인 말은 별로 도움이 안 된다.

새로운 교과서를 받으면 함께 좋아하고, 호기심을 갖고, 아이와 같이 훑어보면 좋다. 책방에 가서 참고서도 같이 고르고, 사전이나 연습문제집도 같이 사면 아이들은 '엄마(아빠)가 공부에 정말로 관심을 가지고 있구나'하는 확신을 갖게 된다.

책방에 가서 함께 책도 사지만, 인터넷으로 아이와 함께 참고 자료나 정보를 찾아서 메모하고 프린트해서 책상 앞에 걸어놓고 머릿속에, 마음속에 새기게 한다.

생활 목표에 대해 의논한다

공부뿐 아니라 몇 시에 일어나고 몇 시에 자는 것이 좋은가 하는 생활습관에 관해서도 의논해본다. 음식은 편식을 안 하도록 한다든지, 인스턴트식품은 될 수 있으면 안 먹겠다든지 하는 다짐을 하고 실천할 방법을 함께 의논할 수도 있다.

그리고 아이와 약속한 내용을 종이에 적어 벽에 붙여놓게 한다. 예를 들면 다음과 같다.

- 아침에 일어나는 시간은 6시 30분
- 아침저녁으로 식사 후 이를 반드시 닦을 것

- 매일 아침 일어나서 반드시 몸 풀기 체조하기
- 자기가 먹은 그릇은 자기가 씻을 것
- 화장실 청소를 할 것
- 피아노는 매일 30분 연습할 것

중요한 것은 자기가 하고자 하는 일과 목표를 이룰 수 있다는 성공의 이미지를 떠올리게 하는 것이다. 절대로 '못해', '안 돼'하는 부정적 이미지는 갖지 않도록 한다. 목표에 대해 성공하는 이미지를 그릴수록 성공할 확률이 높아진다. 부모도 학기 초에는 관심을 가지고 단속하다가 조금 지나면 잊어버리기 쉬운데, 그러면 효과가 없다. 그래서 가끔 확인하고 지속적으로 관심을 보여야 한다.

무슨 '날'을 이용한다

아이의 생일, 개학식날, 종업식날, 방학식날, 부모의 생일, 조부모님의 제삿날, 크리스마스나 설날, 추석과 같은 명절을 이용하면 좋다. 그리고 아이의 생일은 특별히 기억해두었다가 챙기는 것이 좋다. 아이와의 관계를 개선하는 데 도움이 된다.

대화를 인성 교육의 수단으로 활용한다

부모들이 대화를 다분히 교훈적으로 이끌어갈 가능성이 높다. 그러면 아이들이 '설교'로 듣기 쉽고, 잔소리가 되기 쉽다. 이런 상황은 피해야 한다. 될 수 있는 대로 좋은 본보기를 보여주는 것이 좋다. 그중에서도 세계적인 위인이라든지 한국의 옛 선비, 효녀, 효자, 학자, 정치가, 군왕, 청백리, 문장가, 양반, 서민에 관한 이야기들 중에서 후세에 길이 본이 될 삶을 산 사람들의 이야기를 해주는 것이다.

여기에 가장 잘 어울리는 교재가 있다. 전 삼보컴퓨터 회장이었고 지금 국제 퇴계학 연구원 이사장인 이용태 박사가 쓴 《할아버지가 엄마를 통하여 들려주는 이야기》(퇴계학 연구원 간)라는 책인데, 이야기 형식의 가정교육 교재다. 이것은 할아버지가 엄마를 통해 들려주는 성공·행복·리더십 이야기다. 저자의 또 다른 책으로 《인성교육, 성적보다 먼저다》가 있는데, 유대인들의 《탈무드》처럼 대화 속에서 인성 교육을 하는 방식이다. 이용태 박사의 이야기책을 보면 굉장히 재미있다. 지루하거나 고리타분하지 않다. 매우 효과적인 방법이 될 수 있다.

가족과
대화하는 기술

4

우리나라 가정은 옛날(1960년대까지만 해도 그랬음)에는 위계질서가 엄연히 서 있어서 할아버지 밥상과 아버지 밥상은 별도로 차렸고, 아들들에게는 모두 함께 상을 차려주었고, 어머니와 딸들은 밥상 밑에 밥그릇을 내려놓고 식사를 하기도 했다.

모든 가족원이 함께 모여 식사하는 일이 별로 없었다. 제삿날에도 제사를 지내고 난 후 각각 자기 자리로 돌아가서 식사를 했다. 물론 이것은 중산층 이상의 가정에서 했던 일이다. 서민 가정에서는 이런 위계질서가 그리 엄격히 지켜지지 않았다.

그래서 가족 간의 대화란 안방에서 어머니가 아이들과 하는 대화가 고작이고, 부부간에도, 부모 자식 간에도, 조손(祖孫) 간에도 그리 많지 않았다. 그때의 소통 형태는 주로 어른의 명령, 지시, 요구, 채근하기, 따지기 등이었고, 아랫사람은 그저 순종하고, 복종하고, 명령을 이행하고, 야단맞기를 감수하는 식이었다. 부부간에도 대화는 별로 없었다. 왜냐하면 부인은 주로 안방에서 아이들과 거처하고, 남편은 사랑방에서 기거하기 때문에 가족 간의 소통이란 것이 일방통행적이고 권위주의적이었다. 그래서 우리에게는 대화 문화가 없었다고 할 수 있다.

그러다가 해방이 되고 서양문물이 확산되고 사회가 민주화되면서 대화를 강조하는 문화로 바뀌었다. 교육받은 사람들이 많아지면서 인간관계에서 대화가 얼마나 중요한지를 이해하게 되었다. 그러나 가정 분위기가 대화하는 분위기가 되기에는 아직도 장애가 남아 있다.

현대사회는 민주화된 사회여서, 말을 아끼는 것만이 미덕이 아니고 말을 해야 할 때에는 하는 것이 정당화되는 분위기로 바뀌고 있다. 매사에 토론·협의·합의·동의·공감·동조하는 과정을 거치게 되어 있고, 이견은 설득해서 동의를 얻어야만 일을 해나갈 수 있기 때문에 대화의 중요성이 커지고 있다. 대화를 얼마나 잘하느냐가 현대인의 미덕이 되고 있다. 특히 가정에서 하는 대화는 아이들에게는 교육적으로 엄청난 영향을 준다.

대화를 방해하는 것

커뮤니케이션이란 말의 어원은 '코무니스(communis)'에서 왔다. 이 말은 '공유하는', '사람과 접촉이 좋은'이란 뜻을 가진 말이다. 대화는 코뮤니케이션의 한 형태이므로 당연히 대화자 사이에는 감정과 생각의 공유가 필요하다. 그래서 아이가 뭐라고 말을 하면 부모는 거기에 대해 공감을 표시하고, 꼭 껴안아주고, 볼을 비벼주고, 미소 지어주는 것이 좋다. 반응을 보여주어야 서로가 감정을 공유하는 것이 된다. 생각을 공유하고, 가치관을 공유하게 되면 만사가 화합하는 쪽으로 나아가지 않을까?

대화를 방해하는 요인으로는 다음과 같은 것이 있다.

(1) 시간이 없다.

아빠와 엄마가 너무 바빠서 대화할 시간이 없다고 한다. 부모만 바쁜 것이 아니다. 아이들도 바쁘다. 아이와 대화할 시간이 없으면 하루에 10분이라도 내자. 아니면 5분만이라도 내자. 그래서 얼굴을 비벼주고, 미소 지어주고, 어깨를 감싸면서 간단한 대화라도 나누자.

"아빠가 너무 바빠서 너희하고 이야기를 나눌 시간이 없구나. 미안한 생각이야 있지만 이해해다오. 그래, 학교생활이 재미있니? 요즘 너 몰라보게 컸어. 금세 아빠만큼 크겠다(미소 지으면서)."

"얘들아 대화하자! 다 모여라"는 어색하고 딱딱하다. 시간을 만들려고 노력해야 한다.

(2) 장소의 문제가 있다.

장소는 어디든지 좋다. 거실, 안방, 아이들 방, 놀이터, 정원, 나들이하는 장소, 찻집이나 빵집(아이스크림 가게), 어디든 자연스럽게 시작하면 된다. 대화하자고 안방으로 불러서 하면 야단맞으러 들어가는 기분이 들 것이다. 아이와 만날 수만 있으면 언제든지 대화할 준비를 하고 있으면 된다. 그런데 우리나라 부모의 대화 주제는 90퍼센트가 공부다.

"요즘 춤 잘 추고 노래 굉장히 잘하는 새로운 그룹 있지, 뭐더라? 그래그래, 2NE1. 아이돌 그룹도 점점 진화하는 모양이야."

이쯤 해놓으면 엄마나 아빠는 대화 상대자로 인정받을 수 있다.

(3) 일단 아이들이 말을 시작하면 도중에 가로막지 않는다.

조심해야 할 것은, 아이가 마음먹고 이야기하고 싶은 것이 있어서 말문을 열기 시작했는데, 부모가 아이의 말을 듣고 있다가 고개를 가로저으며 가로막는 것이다.

"야, 그걸 말이라고 하니? 되지도 않는 소릴 하고 있네. 그만 해. 알았어! 네 말 더 안 들어도 알아."

이런 식이어서는 곤란하다.

(4) 말이 끝나기도 전에 야단치거나 비판하거나 빈정거리지 않는다.

부모가 아주 조심해야 할 것은, 아이의 말을 부모를 우습게보거나 비판하려는 것으로 생각하고 감정적으로 평가하는 것이다.

"네가 그럴 줄 몰랐다. 우리 아들(딸)이 아닌 것 같구나. 너 정말 형편없구나. 머리가 그렇게 안 돌아가니? 그건 상식에 어긋나."

이런 식이어서는 곤란하다.

효과적인 대화 방법

대화를 잘하려면 꼭 말을 잘해야 하는 것은 아니다. 진정성이 중요하다. 건성으로 듣는 척하거나 아이들의 말을 유치한 이야기로만 취급하고 무시하거나 '넌 이야기해라. 난 듣는 척해주마' 하는 인상을 주어서는 안 된다. 아이들과 (혹은 다른 가족원과) 대화를 잘하려면 이런 점에 유의해야 한다.

(1) 공감적으로 들어준다.

앞에서도 말했지만, 자칫하면 부모는 아이들의 말이 유치하게 들려서 건성으로 듣기 쉬운데 그러면 대화가 안 된다. 너무 많이 명령하고, 경고를 보내고, 훈계조로 나오고, 충고하고, 비판하고, 캐묻고 하면 안 된다. 아이들의 말에 우선 관심을 나타내야 한다. "그래서?" 하고 되묻는다. 공감을 표명한다. "그러게 말이야, 네 말이 맞아"라고 응답하고, "저런! 그래서 어떻게 됐니?" 하고 동정을 표현한다. 그리고 "참 잘했어"라든가 "그게 정말이야?" 하며 기쁨이나 놀라움을 나타낸다. 그래야 이야기가 술술 풀린다.

(2) 서로 자기 이야기를 한다. 이것을 '나 전달 법'이라고 한다.

부모가 아이와 대화하면서 빠지기 쉬운 함정은 부모 자신의 생각을 말하는 것이 아니라 아이가 이러니저러니 이야기하기 쉽다는 것이다. 예를 들어, 저녁 식사 후 어쩌다가 가족원이 다 모여서 후식을 먹으며 이야기를 하려는데 아빠가 불쑥 한마디 던진다.

"야, 넌 만날 게임에만 매달려 있니? 그래서야 어디 좋은 학교 가겠니?"

초등학교 5학년에 다니는 아들 녀석이 "엄마, 나 노래할까 봐" 하고 말하니까, 엄마가 대뜸 말한다.

"아이고 내 팔자야, 아들이라고 하나 힘겹게 키워놨더니 한다는 소리가 가수되겠다고?"

그다음에 이어질 여러 다른 반응을 보자.

"공부나 해."(명령)

"가수되려거든 집에서 나가라."(경고)

"공부에 취미를 붙이면 그런 생각을 할 수가 없지."(충고)

"네 심정은 알겠는데 세상이 그런 게 아니야."(설득)

"넌 애초부터 생각이 틀려먹었어."(비판)

"너 그동안 공부 못한게 알고 보니 노래하느라고 그랬구나."(분석)

"저런저런, 오죽 학교가 못 가르치면 5학년 아이가 벌써부터 가수되겠다고 그러겠어?"(동정)

"너 무엇 때문에 가수되겠다고 그러느냐? 이유가 뭐지? 용돈 넉넉히 안 줘서 그러느냐?"(캐묻기)

이런 반응은 모두 아이에게 문제가 있고 아이가 잘못되었다는 식으로 말하는 것이다. 이렇게 말하는 것이 좋다.

"나는 네가 가수가 되겠다고 하는 생각에 대해 이렇게 생각한다."

이런 식으로 부모 자신의 생각과 입장을 말하는 것이 좋다. 이런 방식은 부모 스스로도 자기 생각을 분명히 확인하게 되고, 아이는 부모의 생각을 분명히 이해하게 되고, 그래서 아이가 마음의 문을 열게 하는 것이다.

그렇게 하려면 문제점이 뭔지를 확실하게 파악하고 있어야 하고, 그 문제가 자기에게 어떤 의미(영향)를 갖는지를 생각해야 하고, 아이가 그렇게 말하는 데 대해 자기는 어떤 느낌을 갖는지를 확인해야 한다. 아이가 벌써부터 가수가 되겠다고 하는 것이 왜 문제가 되는가, 그런 아이의 결심이 나에게 어떤 영향을 주는가, 그리고 나는 이 문제에 대해 사실 어떤 느낌(감정)을 가지고 있는가를 먼저 확인해두어야 한다. 부모는 아이를 야단치지만 말고 자기 생각을 정확하게 전달해야 아이가 방향을 잡을 수 있다는 점을 이해해야 한다.

(3) 부모와 자녀가 함께할 수 있는 생활체험을 이용해서 대화한다.

가족 여행을 하거나 체험 학습을 하거나 레크리에이션을 하면서 대화를 하면 아주 자연스럽게 할 수가 있다. 이런 기회를 잘 이용하면 무척 감동적일 수 있다.

(4) 대화는 차를 마시면서, 후식을 들면서, 저녁 식사가 끝난 후에 하는 것이 좋다.

중국 사람들은 상거래를 할 때 대개 술을 곁들인 식사를 하면서 하는 경우가 많다. 그러면 일이 술술 잘 풀린다는 것이다. 먹으면서 하면 딱딱하던 분위기가 풀려 솔직해지고 격의가 없어진다는 것이다. 마찬가지로 부모 자녀 간의 대화도 뭔가 같이 들면서 하는 것이 효과가 있다.

(5) 신체언어를 적당히 이용한다.

대화 중 아이가 부모의 말에 "응, 알았어"라고 했다고 해서 부모의 말에 전적으로 동의한 것이 아닐 수 있다. 그 아이의 몸의 움직임, 표정, 음성의 고저, 손의 움직임 등을 보고 확인해야 한다. 마찬가지로 부모도 대화하면서 적절한 방식으로 신체언어를 이용하면 좋다.

(6) 때로는 정면으로 보면서 말하지 말고 다른 각도에서도 대화를 한다.

목욕탕에서 아들의 등을 밀어주면서 대화하는 경우와 같이 서로 눈맞춤을 안 하고 대화하는 것도 한 방법이다. 어깨동무를 하면서, 등을 서로 맞대고 대화할 수도 있다. 훨씬 인간적이고 다정한 대화가 가능하다.

(7) 모처럼 시작한 대화가 갈등의 씨앗이 안 되게 해야 한다.

말을 하다 보면 그것이 곧 싸움으로 발전하는 예가 많다. 대화를 잘못해서 도리어 갈등의 골만 깊게 하고 문제를 확산시키는 예도 적잖다. 부모 쪽에서는 이 점을 염두에 두고 대화해야 한다.

(8) 대화를 일상화한다.

우리네 가정에서는 대화하기가 어렵다. 습관이 안 되어 있기 때문이다. 이제 부모는 민주적으로 의식혁명을 해서 아이를 자기 자신만큼 소중한 인격적 존재로 보고 대화 상대로 삼아야 한다. 자그마한 집안일도 서로 의논하고 물어보고 의견 교환을 해서 결정하면, 아이의 참여의식도 높아지고, 소속감도 생기고, 자연스러운 분위기로 대화를 할 수 있게 된다.